蔬菜基地土壤健康管护及蔬菜栽培主推技术图片

蔬菜基地土壤酸化调控

蔬菜嫁接育苗

丝瓜根际微生态调控效果

芹菜微生态调控+施用牡蛎钾粉改良土壤效果

丝瓜枯萎病根际微生态调控处理区

丝瓜枯萎病根际微生态调控对照区

丝瓜套袋防虫提质栽培

青菜头直播轻简化栽培

萝卜轻简化栽培——可实现分厢、起垄、开沟、打窝、施肥一机化

渭沱镇七星村蔬菜标准园（部级）萝卜轻简化栽培基地

米市村蔬菜标准园（部级）萝卜轻简化栽培采收

黄瓜套作丝瓜

辣椒春提早避雨栽培

“一串铃”南瓜春提早栽培

藤菜极早熟长采收栽培

春提早瓜类套作速生叶菜

蔬菜高效栽培模式图片

稻—菜轮作（秋、冬季在稻田种植青菜头）

菜—菌轮作（冬、春季种植大球盖菇）

菜—菌轮作（冬、春季在瓜菜架下种植球盖菇）

畜—沼—菜种养循环农业

春提早辣椒+免耕套作冬瓜

蔬菜弥雾栽培

一年两熟栽培模式——春、夏季种植瓜类

一年两熟栽培模式——秋、冬季种植芹菜

合川区特色蔬菜产品图片

青草坝萝卜种植基地

青草坝萝卜

青草坝萝卜干炒腊肉

晾晒青草坝萝卜卷

青草坝萝卜卷

铜溪红油香椿种植基地

铜溪红油香椿芽

太和胡萝卜种植基地

太和胡萝卜

香龙大头菜种植基地

香龙大头菜

香龙大头菜切丝

香龙大头菜晾晒

合川湖皱丝瓜种植基地

合川湖皱丝瓜

蔬菜种植主推技术
及合川区特色蔬菜产品

SHUCAI ZHONGZHI
ZHUTUI JISHU
JI HECHUAN QU
TESE SHUCAI CHANPIN

周利 程小金 / 主编

中国农业出版社
北 京

编　　委

蔬菜种植主推技术及合川区特色蔬菜产品

主　　编　周　利　程小金

编写人员　（按内容提供数量排序）

韦静宜　冷　容　汝学娟　潘光辉　王永清

陶伟林　杨仕伟　林世平　袁　彬　莫应明

邓　睿　吴　凯　邓　勇　廖学玲　彭翎凌

赵超男　刘　洪　汪　海　冷天华　湛贤华

龚世超

前 言

FOREWORD

在党的二十大报告中，习近平总书记指出：全面推进乡村振兴，坚持农业农村优先发展，巩固拓展脱贫攻坚成果，加快建设农业强国。产业振兴是乡村振兴的重中之重，稳住农业基本盘、守好“三农”基础，是应变局、开新局的“压舱石”。蔬菜作为老百姓一日三餐不可或缺的重要“菜篮子”产品，不仅关系着“菜篮子”安全，也是农民增收致富的支柱产业之一，关系着农民“钱袋子”的分量。

蔬菜种植有很强的技术性要求，小菜园连着大市场，因此也需要高科技支持。蔬菜品类繁多，种植模式多样，病虫害复杂。如何才能种好菜是长期以来困扰种植者的问题，也是时下和未来想要从事蔬菜种植的人必将面临的问题。为给蔬菜生产者提供上述问题的答案，避免走弯路，推动蔬菜产业持续健康发展，我们在总结重庆市合川区蔬菜发展指导站近几年蔬菜科技推广工作经验的基础上，深入调查了多个乡镇的蔬菜生产基地，走访了数名有多年蔬菜种植经验的“土专家”，组织编写了《蔬菜种植主推技术及合川区特色蔬菜产品》一书。

本书介绍了川渝地区经济效益好、种植水平高的蔬菜种植主要技术和重要的生产模式，可供川渝地区低海拔区域的蔬菜种植者参考。同时，本书详细介绍了重庆市合川区特色蔬菜产品，这些产品种植历史悠久，经济效益明显，有的产品还是不可多得的优质种质资源，深受种植户、消费者和育种家的喜爱。

本书的编写得到重庆市相关蔬菜专家、同行及生产者的鼎力支持，在此一并表示诚挚谢意。

由于编者水平有限，书中难免有所局限和疏漏，敬请专家、读者批评指正。

编　者

2023年4月

目　录

CONTENTS

第一章 蔬菜基地土壤健康管护技术

第一节　蔬菜基地土壤酸化调控技术

一、概述

土壤酸化调控技术是指在已呈酸性的菜地上，施用适量的石灰、石灰氮、牡蛎钾粉等碱性土壤调理剂来调节土壤酸碱度，提高土壤 pH，防治由土壤酸化引起的蔬菜连作障碍的一种措施。

二、作用

1. 提高土壤 pH，改善土壤结构

土壤酸化调控是蔬菜基地常用的一种技术手段，通过土壤调酸，可以提高土壤 pH，改善土壤结构，使植株长势健壮，增强抗性。

2. 对土壤消毒

有的调酸材料不仅可以提高土壤 pH，还可防治根结线虫及部分真菌，对土壤有消毒作用，可减少枯萎病、疫病、根肿病、根结线虫病等常见的土传病害，延长采收期，提高蔬菜产量和质量，提高经济效益。

三、具体技术

1. 牡蛎钾粉调酸

牡蛎钾粉是近年新研发的一种配方组合材料土壤调理剂，含30％牡蛎粉，65％植物质，5％中、微量元素，在提升土壤 pH 的同时，可补充适量钙、镁、锌、钼等中量、微量元素，有效抑制根结线虫病和枯萎病等病害发生。其使用方法简单，稳定性较好，价格较低。

使用方法：在菜地翻耕时，清除植株残体和杂草，根据土壤 pH 情况，将牡蛎钾粉按每亩* 50～200kg 的用量均匀撒施到地里，旋耕入土，与土壤混合均匀。pH＞5.0 的土地，建议用量为每亩 50～100kg（在 pH6～6.5 的土地，每亩用量为 50kg）；pH＜5.0 的土地，建议用量为每亩 100～200kg。旋耕后即可种植菜苗。

2. 石灰氮调酸

石灰氮的主要化学成分为氰氨化钙，是传统的氮素肥料，自发明至今已有 100 余年的历史。它既是一种土壤调理剂，可调节 pH，也是一种农药，具有一定的杀虫杀菌效果，对抑制土传病害也有一定作用。此外，石灰氮还是一种肥料。石灰氮用作土壤调理剂时，为确保效果，在施用时间和使用方法上都应遵循一定的操作要求。

使用方法：在前茬蔬菜采收后的 7—8 月高温期间，即时清除土地上的植株残体，每亩撒入 50～100kg 石灰氮，旋耕土地深翻 20cm，按定植蔬菜品种的要求起垄或做厢，然后往地里浇透水使石灰氮充分溶解，覆盖地膜密封土壤，并密闭大棚膜 20d 以上，使棚内温度尽可能升高，在土壤调酸的同时，高温能起到

---

* 亩为非法定计量单位，1 亩≈666.67m^2。——编者注

杀虫杀菌的作用。在蔬菜定植前揭开棚膜和地膜，增施有机肥后即可定植蔬菜。

3. 石灰调酸

石灰调酸应采用生石灰。生石灰的有效成分为氧化钙，是一种传统的土壤消毒调理剂。用法简单，成本较低，购买方便。

使用方法：蔬菜采收后、播种前，及时清除田间植物残株和杂草，根据土壤 pH 情况撒施适量生石灰，然后旋耕土壤。4～7d 后增施适量腐熟有机肥或商品有机肥，旋耕均匀即可种植菜苗。生石灰用量具体见表 1-1。

表 1-1　每亩土壤达到 pH 6.5 需要的生石灰量

原土壤 pH	砂土/kg	壤土/kg	重壤土/kg
4.8	270	470	670
5.0	240	430	570
5.5	160	290	410
6.0	80	150	170

四、注意事项

第一，施用石灰氮时要注意防护，佩戴口罩、帽子和橡胶手套，穿长裤、长袖衣服和胶鞋，以免皮肤接触到石灰氮。选择在无风的晴天施用，避免石灰氮飞到其他敏感的作物上引起药害。

第二，土地施用石灰氮后，在对土壤进行消毒的同时，也会造成土壤内有益菌群减少，应增施有机肥或生物菌肥，补充土壤的有益菌群。

第三，施用生石灰进行土壤调酸易使有机质分解过速，腐殖质不易积累，细菌群落减少，引起土壤板结，因此不宜过量施用或连续使用，一般每隔两年施用 1 次即可。同时，蔬菜生长过程中应及时增施有机肥。

第二节　蔬菜连作障碍生态防控技术

一、概述

蔬菜连作障碍是指在同一土壤上栽培同种蔬菜作物或近缘蔬菜作物，引起蔬菜生长发育不良、品质变劣、质量下降、病虫害增加的现象。蔬菜连作障碍生态防控技术即采用科学、合理的栽培技术，利用有机肥及生物菌剂等改善土壤酸碱度、提高土壤墒情，从而改善或缓解蔬菜作物生长发育不良的现象。

二、作用

第一，通过采用生态防控技术，可有效减少蔬菜病虫害发生，确保蔬菜产品质量。

第二，通过采用生态防控技术，能有效改善由常年种植蔬菜造成的土壤盐渍化及土壤酸化，调节土壤酸碱度。

第三，通过增施生物菌剂，能有效改善土壤菌群结构，促进土壤团粒化。

第四，通过采用生态防控技术，能提高土壤墒情，实现增产增效。

三、具体技术

1. 嫁接技术

选用抗病性强的品种作为砧木，可防止土传病害发生，提高植株抗性。如利用南瓜高抗黄瓜枯萎病的特性，选用黑籽南瓜、白籽南瓜作为砧木，把黄瓜嫁接在南瓜上，不仅能有效防治枯萎病，还能减轻疫病、霜霉病的危害；托鲁巴姆对枯萎病、黄萎病、青枯病、根结线虫病这4种土传病害有抗性，茄子嫁接可以选用托鲁巴姆作为砧木，从而有效防止这4种土传病害的发生；苦瓜嫁接选用丝瓜作砧木，可有效减少枯萎病的发生；丝瓜枯萎病严重的地区，可以选择高抗枯萎病的丝瓜品种如“春盛”作为砧木（参见第二章第一节）。

2. 轮作、间套作

轮作：即在同一块土壤中按照季节和年度轮换种植不同作物，是防止连作障碍的最佳方法。如深根系茄果类和浅根系叶菜类轮作，可吸收不同土层的营养元素，减少肥料使用量。需要氮肥较多的叶菜类和需要磷钾肥较多的瓜类、茄果类轮作，可充分利用土壤中的营养元素。最好的轮作为水旱轮作，可采用夏秋种植水稻，冬春种植青菜头（茎瘤芥）、青菜（宽柄芥）、儿菜的模式，既可有效降低土壤病害的发生率，又能改善土壤酸化、盐渍化现象，还可调节微生物群落，减少病虫害发生。

间套作：即茄果类蔬菜和玉米、豆类蔬菜套作，可有效减少土传病害的发生。葱蒜类与其他蔬菜间作，葱蒜类根系的分泌物可杀死部分有害病菌，减少病害发生。

3. 深耕炕土

6—8月深翻土壤30cm，利用夏季高温杀死土壤中的有害病菌、虫卵。有条件的可采用高温闷棚的方式，即经大水漫灌及药剂处理后，用覆盖地膜及大棚膜进行双膜覆盖，经过30d以上的闷棚，地表下10cm处最高地温达70℃，地表下20cm处地温达45℃以上，可杀死土壤中有害病菌、虫卵及杂草（参见第一章第四节）。

1—2月深耕30cm，可利用低温天气冻死在土壤中越冬的虫卵和病菌。

4. 暴雨冲淋

在夏季多雨时期（6—8月），蔬菜换茬期间，使土壤接受暴雨的冲淋，将土壤表面的盐分冲洗掉，也可用大水漫灌排盐。

5. 增施有机肥

增施有机肥可有效解决几乎所有蔬菜作物的连作障碍，目前在生产上被普遍采用。有机肥一般全部或80%以上用作底肥，应选用充分腐熟的有机肥，建议亩用量不少于2 000kg。有条件的可使用沼液（2 000kg/亩）、秸秆还田（150～250kg/亩）等，也可选用含生物菌剂的商品有机肥（80～120kg/亩）。

6. 科学使用化肥

（1）严格控制化肥的用量和品种。氯化钾容易造成土壤板结，选用钾肥时应选择硫酸钾肥。硝态氮吸湿性强，容易随水流失，既造成浪费也污染环境；铵态氮易被土壤吸附，不易流失，肥效长；酰胺态氮在土壤中不易残留，但温度过高会产生缩二脲，对作物生长不利。故生产中应避免使用硝态氮，增加铵态氮的使用量，合理施用酰胺态氮。

（2）化肥应深施。一般底肥用量占施肥总量的50%～60%。磷肥应全部做底肥，生长期内缺磷时适当追施或叶面喷施；氮肥、钾肥总用量的40%～60%做底肥；微量元素肥料、微生物肥料等全部作为底肥施用。追肥以速效性肥料（一般为氮肥和钾肥）为主，施用量占施肥总量的40%～60%。

应根据不同蔬菜的需肥规律及土壤供肥能力，确定肥料种类及数量。如叶菜肥料中的氮、磷、钾比例一般为3∶1∶2，瓜果菜肥料中的氮、磷、钾比例一般为2∶1∶2。

7. 增施有益微生物

向土壤施入拮抗微生物可降低土壤中的病原菌密度，抑制病原菌活动，土壤中接种有益微生物能分解连作产生的有害物质或与特定病原菌竞争营养和空间，减少病原菌数量，避免作物根系感染病害。如解淀粉芽孢杆菌在生长过程中可产生多种抑菌物质，能够快速抢占病原菌的营养和生长空间，减少土传病害的发生。一些有益微生物还具有固氮或联合固氮作用，可分解磷、钾等矿质元素供蔬菜吸收，同时可分泌生长激素刺激蔬菜生长；枯草芽孢杆菌不但能提高蔬菜抗逆性，还有固氮作用。

8. 调节土壤 pH

对于酸性土壤，可施用碱性肥料如草木灰、钙镁磷肥、生石灰、石灰氮、牡蛎钾等以调节 pH，并控制氮肥用量，降低土壤中硝态氮含量。

对于碱性土壤，可适量施用酸性肥料如硫酸亚铁、过磷酸钙、硫酸铵、磷酸二氢钾、硫酸钾等，使其 pH 接近或达到中性范围。

对于中性及微酸性土壤，为了防止土壤酸化，可适当施用碱性肥料，如石灰氮、草木灰等，并减少酸性及生理酸性肥料的施用，同时应加大生物菌肥及有机肥的使用量，改良土壤结构（参见第一章第一节）。

四、注意事项

第一，使用的有机肥必须充分腐熟，要保证有机肥的质量，切忌使用未腐熟有机肥。

第二，肥料施用时一定要深施，切忌施到土壤表面。

第三，部分药剂如石灰氮等在使用时要注意安全。

第三节　蔬菜化肥减量增效技术

一、概述

化肥减量增效技术就是以测土配方施肥和有机肥代替化肥为核心的技术体系，通过采用精准施肥、增施有机肥等科学施肥技术，减少不合理化肥用量，实现农业生产减肥、节本、增效的目的。

二、作用

第一，通过科学、合理地施用化肥，降低生产投入成本。

第二，改善生产中普遍存在的过量施肥、施肥结构不平衡的情况。

第三，化肥减量有助于解决面源污染、耕地质量不断下降等问题。

三、具体技术

1. 测土配方施肥技术

根据作物需肥规律、土壤供肥性能和肥料效应，在合理施用有机肥料的基础上，选择科学的氮、磷、钾肥及中量、微量元素肥料等的施用数量、施肥时期和施用方法。测土配方施肥的目的是有针对性地补充作物所需营养元素。以重庆市蔬菜施用N、P_2O_5、K_2O的建议用量比例为例，大白菜建议底肥为22∶10∶8，建议追肥为22∶5∶18；番茄建议底肥为16∶14∶10，建议追肥为15∶5∶25；辣椒建议底肥为16∶14∶10，建议追肥为18∶5∶22；甘蓝建议底肥为22∶10∶8，建议追肥为22∶5∶18。

2. 深施技术

底肥深施：种植前，先将化肥均匀撒施，然后使用机械翻耕，使化肥埋入土壤深度达20cm，地表无可见的颗粒。

追肥深施：在植株周边10cm左右开沟、施肥，覆盖至地表下8～12cm，也可借助施肥器械打窝深施。深施可减少化肥损失，提高化肥利用率，节约成本。

3. 有机肥替代化肥技术

（1）使用农家肥替代化肥。农家肥和化肥混合施用，农家肥种类多、肥源广、成本低，有利于提高地力，主要作为底肥施用，建议每亩每季施用 2 000kg 以上。

（2）使用商品有机肥替代化肥。商品有机肥是经过生产厂家加工处理的有机肥，其中的病虫及杂草种子等经过高温处理基本死亡。商品有机肥配合化肥作为底肥施用，亩用量为200～400kg。

（3）使用沼渣、沼液替代化肥。沼渣、沼液统称为沼肥，既可以作为底肥施用也可以作为追肥施用，作为底肥亩施 2 000kg 以上，采用沟施深埋的方式；在沼肥用量充足的情况下，可替代或部分替代化肥作为底肥施用。

（4）实施秸秆还田技术。粉碎秸秆后，使用秸秆腐熟剂使秸秆等有机废弃物快速腐熟。秸秆还田能提高土壤有机质含量，改良土壤结构，使土壤疏松，增强植物抗逆性，改善作物品质。要在播种前 15～45d 将秸秆深翻入土，亩用量为150～250kg。

（5）合理使用绿肥。种植豆科（三叶草、紫云英、紫花豌豆、扁豆等）、禾本科（黑麦）、十字花科（油菜）等的绿肥作物，为后茬作物提供养分。绿肥作物适宜的翻压期为营养生长鼎盛期，即开花之前。如允许其开花、结果，植株进入生殖生长期将耗费大量养分，降低肥效。亩翻压量为 1 500～2 000kg，深度为 10～20cm，一般于定植前 40d 进行。

4. 增施生物菌剂

通过施用生物菌剂提高土壤肥力，改善土壤团粒结构。如施用枯草芽孢杆菌起到固氮作用；巨大芽孢杆菌具有很好的降解土壤中有机磷的功效；胶冻样芽孢杆菌具有解钾作用，可释放可溶的磷、钾元素及钙、硫、镁、铁、锌、钼、锰等元素。侧孢芽孢杆菌具有降解重金属作用；胶质芽孢杆菌具有溶磷、释钾和固氮等功能。

5. 优化施肥结构

推广控释肥、缓释肥、水溶肥等新型高效肥料。如目前在茎瘤芥种植中施用的缓释肥、控释掺混肥等，可有效延长氮素养分释放期，使肥效持久。

6. 推广水肥一体化技术

利用水肥一体化技术将施肥与灌溉结合在一起，通过压力管道系统与安装在末级管道上的喷灌设施，将肥料溶液以较小流量均匀、准确地直接输送到作物根部附近的土壤表面或土层中。此法能够精确地控制灌水量和施肥量，显著提高水肥利用率。

7. 其他技术

（1）调节土壤 pH。利用生石灰、石灰氮、牡蛎钾粉等调节土壤 pH，改良土壤微生态环境，增强植物养分吸收能力。

（2）深耕炕土。通过深耕土壤 20cm 以上，疏松土壤，加厚耕层，恢复土壤结构，促进土壤熟化，同时防止杂草和病虫危害；通过夏季灌水高温炕土，利用 1～2 个月的高温杀死土壤中的有害病菌、虫卵，促进有机质分解。

（3）轮作、间（套）作。通过水旱轮作、粮菜轮作，深根系、浅根系套种，高秆、矮秆套种等来均衡利用土壤养分，调节土壤肥力，减轻病虫害及杂草的危害。

四、注意事项

第一，化肥减量增效技术是相辅相成的，要联合使用才能达到最好的效果。

第二，化肥减量增效是一个长期的过程，只有通过几个月甚至多年的坚持才能体现出来。

第四节　设施蔬菜高温闷棚技术

一、概述

高温闷棚技术是在高温季节作物换茬间隙，利用太阳光照使密闭的大棚内空气湿度和土壤温度升高并保持一定时间，利用高温及灌水对大棚进行消毒，从而杀灭病原菌、害虫及杂草。

二、作用

第一，能够有效杀死病原菌及地下害虫。高温结合药物的方式可对棚内有害病菌产生巨大的杀伤力，同时可杀死土壤中的根结线虫幼虫和虫卵，减轻根结线虫的危害。

第二，能够杀灭大棚中部分杂草及杂草上的害虫，使蓟马、蛞蝓等害虫受到明显抑制。

第三，有利于土壤中有机质进一步分解。闷棚前施用有机肥，结合闷棚，可使土壤中的有机质进一步分解，既发挥了肥效，又避免了烧根。

第四，有利于改良土壤结构。高温闷棚结合施用有机肥，可改善土壤结构，丰富团粒结构，减少板结现象的发生，减轻、延缓盐渍化程度。

三、具体技术

1. 闷棚时期

一般在夏季（6—8 月）进行。

2. 闷棚前准备

闷棚在蔬菜采收后进行，闷棚前一定要将棚内植株的根、叶、果尤其是病枝、病叶、病果彻底清除出棚并集中焚毁，不可随意乱扔，也不可只拔秧不清根。

3. 灌水闷棚

（1）棚膜闷棚。大棚四周起垄，垄高 20cm 左右，采用大水漫灌的方式灌水，以水面高出 2～3cm 为宜，确保土壤浇透，有条件的基地可以用沼液代替灌水。然后覆盖棚膜，确保大棚完全密闭。

（2）双膜闷棚。为提高地温，可在棚内做畦，每畦宽 1.6m 左右，将畦四周土壤起高，高出畦面 10cm 左右，然后覆盖地膜，采用膜下灌水或沼液的方式，灌透土壤并使水面高出畦面 2～3cm 再覆盖棚膜。采用双膜闷棚的方式能更大限度地提升地温，杀死土壤中的有害病菌及虫卵。

通过高温密闭闷棚，能使地表以下 10cm 地温达到 70℃以上，地表以下 20cm 地温达到 45℃以上，具有很好的灭菌杀虫的效果。

4. 药剂处理

高温闷棚除使用膜下灌水或沼液的方式外，还可以结合药剂处理，增强闷棚的效果。

（1）石灰氮处理。将石灰氮均匀撒在土壤表面，亩用量 50～100kg，深耕土壤 30cm 以上，将石灰氮翻入土壤中混合均匀，立即整平土地做畦，覆盖地膜，膜下灌水，覆盖棚膜闷棚。石灰氮防治效果好，但成本较高，可每两年处理 1 次，也可采用生石灰代替石灰氮。

（2）生石灰处理。生石灰处理方法与石灰氮相似，亩用量 50～75kg，根据土壤 pH，每 2～5 年处理 1 次。生石灰闷棚效果不及石灰氮，且容易造成土壤板结，故不能连年使用。

（3）硫酸铜处理。硫酸铜亩用量 1kg，待棚内灌水或沼液后，兑水泼洒到水面或沼液上，至水面全部变蓝为止，再覆盖地膜和棚膜。硫酸铜可杀灭土壤中的真菌。每 3～5 年处理 1 次，使用硫酸铜的年份不能使用生石灰和石灰氮。

5. 闷棚时间

一般闷棚15d以上，可杀死大多数病菌，如立枯病病菌、黄瓜菌核病病菌、黄瓜疫病病菌、茄子黄萎病病菌等。但有些病菌特别耐高温，如根腐病病菌、枯萎病病菌，有条件的地方可延长闷棚时间到30～60d，以便达到更佳的效果。

6. 揭膜晾晒

闷棚结束后，打开大棚四周薄膜通风，揭去地膜运至棚外，顶膜不揭，防止雨水过多，土壤无法晾干。自然晾晒到30cm以内的土壤干透，以用手捏不成团为准，翻耕深度不超过30cm为好，防止把土壤深层有害生物翻到地表。

四、注意事项

第一，用大棚膜和地膜进行双层覆盖，要严格保持大棚的密闭性，如棚膜有破损应及时修补，棚膜和地膜宜选用全新白膜，有利于提高闷棚温度。

第二，土壤的含水量与杀菌效果密切相关，闷棚前必须一次性浇足土壤水分，使土壤形成缺氧环境，有利于杀灭病虫草害。水源充足的地方建议水面高于畦面2～3cm，水源缺乏的地方也应将土壤充分浇透。

第三，如果条件允许，可延长闷棚时间。

第四，高温闷棚时，若确需进棚操作，要把生产常用的工具和进出大棚的衣服、鞋子一起放入棚内闷一闷，防止携带病虫并再次传入。

第五，因高温闷棚会导致有益菌和有害菌一起被杀死，故闷棚后要适当增施生物菌肥，以增加土壤有益菌群，保护根际环境。

第五节 根际微生态调控技术

一、概述

根际微生态调控技术是根据影响蔬菜连作区根际病害发生的关键因素，结合蔬菜品种特性，有针对性地筛选、增施适合的拮抗微生物菌剂，在蔬菜育苗和定植的特定生长时期，配合一定的使用方法，在蔬菜根际、根围形成生物屏障，使连作病害得到有效防控，实现蔬菜高产、优质。

二、作用

1. 培育壮苗

在育苗期使用根际微生态调控技术可使有益菌抢先占领根际生态位，使蔬菜出苗整齐，根系更发达，长势更强壮，提高菜苗抗病力，减少苗期病害，成苗率、壮苗率更高。

2. 抑制土传病害

运用根际微生态调控技术可显著增强蔬菜抗根茎病害能力，对大部分土传病害具有抑制作用，使土传病害发病率明显降低。

3. 实现土壤菌群平衡

长期运用根际微生态调控技术，增施特定的微生物菌剂，可使土壤微生物菌群达到平衡状态，有助于蔬菜的健康栽培，从而减少用药量，提高产量和品质。

三、具体技术

1. 抑制土传病害的微生物菌剂

（1）青枯病、细菌性软腐病。可施多粘类芽孢杆菌、解淀粉芽孢杆菌等进行根际占位。

（2）茎基腐病、根腐病。可施木霉菌混合稻壳，或施枯草芽孢杆菌、寡雄腐霉进行根际占位。

（3）根肿病。可施枯草芽孢杆菌 XF－1 进行根际占位。

（4）根结线虫。可施厚孢轮枝菌、杀线虫芽孢杆菌 B16、苏云金杆菌 HAN055、淡紫拟青霉进行根际占位。

2. 育苗基质拌菌技术

蔬菜育苗时，每亩育苗基质中添加 100g 复合菌剂“苗强壮”，可先与 500g 育苗基质混匀，再与剩余基质均匀混合。基质充分混合均匀后，加入育苗穴盘，然后播种。如不用基质育苗，也可将复合菌剂“苗强壮”与细土拌匀后撒入播种的苗床土中，还可用复合菌剂兑水稀释后浸泡种子进行催芽。

3. 有机肥拌菌技术

蔬菜定植时，添加复合菌剂“根茎康”，每亩菜地用量为 1kg。可将 1kg 微生物菌剂“根茎康”添加到 100kg 充分腐熟的干有机肥中，混合均匀后条施或穴施；也可在移栽前混入水溶性肥中，利用滴灌系统浇至植株根部。

土壤条件较差的地方，建议每 100kg 有机肥与 2～3kg“根茎康”混用，适度提高复合菌剂的用量。

四、注意事项

第一，微生物菌剂是活的微生物，不同的微生物若同时施用，相互之间会存在竞争和产生拮抗作用，以争夺有限的生存空间。因此，复合微生物制剂中各种菌物的配比是影响制剂效果的重要因素，擅自增加菌剂种类，防病效果可能适得其反。“苗强壮”“根茎康”经实验室反复验证并在烟草、蔬菜基地进行大量试验，对植物根茎病害具有显著的效果。

第二，拮抗菌剂“苗强壮”如在育苗阶段未及时施用，可在移栽时灌根施用或窝施。菌剂应施用于作物根部，不宜进行苗床叶面喷雾。

第三，微生物菌剂应现混现用，注意混合均匀。施用时应避免与杀菌剂、强酸或强碱性物质及复合肥直接混合使用。菌剂开封后应及时使用，避免阳光照射。在过酸（pH 小于 5.0）的土壤中使用效果不理想。

第二章
蔬菜栽培主推技术

第一节　蔬菜嫁接技术

一、概述

嫁接就是有目的地将植物的枝条或芽（即接穗）连接到另一带有根系的植物适当部位，使二者结合成一个新的植物体的技术。接穗构成嫁接植株的地上部分；带原根承受接穗的植株叫砧木，砧木构成嫁接植株的地下部分，为接穗提供营养。

二、作用

第一，克服连作障碍，减少土传病害发生。

第二，嫁接蔬菜根系发达，可增强蔬菜植株抗逆（寒、旱、高温）性。

第三，嫁接蔬菜砧木根系发达，吸水、吸肥能力强，可延长采收期，提高产量。

第四，提高蔬菜对肥、水的利用率，节约肥料的施用量。

第五，嫁接蔬菜抗病能力增强，病虫害发生减少且发病轻，从而减少了农药的使用。

三、具体技术

（一）蔬菜嫁接的常用方法

1. 套管法

嫁接时，在砧木和接穗的子叶上方约 0.6cm 处呈 30°角斜切一刀，将套管的一半套在砧木上，斜面与砧木切口的斜面方向一致，再将接穗插入套管中，使其切口与砧木切口紧密结合。

适用于较小的番茄、茄子幼苗，当接穗和砧木都具有 2～3 片真叶、株高 5cm、茎粗 2mm 时为嫁接适期。

优点：速度快、效率高、操作简便，提高嫁接成活率。

缺点：对嫁接技术要求高，砧木和接穗苗茎粗细要求基本一致。

2. 劈接法

嫁接时砧木留 1～2 片真叶，用刀片平切掉上面部分，在留下的幼茎顶部正中垂直向下切一刀，约 1cm 深；接穗留 2 叶 1 心，削成双斜面（楔形），斜面长约 1cm，斜度为 30°。将削好的接穗插入砧木的切口中，使两者紧密吻合，用嫁接夹固定。

优点：操作方便、成活率高，对砧木和接穗大小要求不太严格，嫁接面与砧木接触面积大，愈合牢固，去掉嫁接夹后不易出现问题，是茄子嫁接最常用的方法。

缺点：操作复杂，嫁接效率低，管理要求严格。

3. 贴接法

嫁接时砧木和接穗都削成斜面，角度在 30°～45°，斜面长 0.7～1.0cm。砧木和接穗的斜度要一致，用嫁接夹把两斜面紧密地固定在一起。

优点：操作简单、成活率较高，是苦瓜、丝瓜嫁接常用的方法之一。

缺点：固定砧木和接穗时容易滑动，尤其是两斜面的斜度不一致时，会给固定增加困难。

4. 顶插接法

嫁接时用竹签剔去砧木的生长点，然后用竹签从一侧子叶基部向另一侧子叶下方胚轴内穿刺，到另一侧表皮隐约可见竹签为止，注意不能插到幼苗的髓腔中。扎孔深 0.7cm 左右，待接穗削好后再取出竹签。接穗的削法应与竹签的形状相适应，削成单楔面或双楔面，角度为 30°，长度为 0.6～0.7cm。拔出竹签，速将接穗插入砧木扎孔中，使接穗胚轴楔面与砧木插孔相吻合。削接穗楔面时应注意，务必使嫁接后接穗子叶方向与砧木子叶方向呈“十”字形。

优点：操作简单，不用固定物，可减少投入。是黄瓜、西瓜嫁接常用方法。

缺点：由于没有固定物，伤口愈合较慢，成活率受嫁接质量和温、湿度影响较大，砧木要求较接穗稍粗且不能空心。

（二）主要蔬菜的嫁接技术

1. 番茄嫁接技术

（1）适宜砧木。“夏威夷 7996”等品种。

（2）适宜接穗。重庆地区喜欢红果、早熟、果型大的品种，常选用“渝番 421”“渝红 10 号”“红帅 4041”等品种作接穗。

（3）嫁接方法。套管法、劈接法。

（4）播种时期。重庆地区在冬季播种，番茄砧木和接穗播种时期在 10 月下旬至 11 月上旬，一般同期播种，或者砧木提前 2～3d。

（5）播种方法。砧木点播在穴盘或者营养钵中，每穴（钵）播种 1～2 粒。接穗均匀撒播在苗床里，也可点播在穴盘里，每穴播种 1～2 粒。

（6）嫁接时期。接穗和砧木都具有 2～3 片真叶、株高 5cm、茎粗 2.5mm 时为嫁接适期。

在重庆地区，冬季番茄嫁接时期在 11 月中下旬至 12 月底。

如嫁接过早，气温高，嫁接苗因生长快而过大，不便于越冬管理。如晚于12月，温度低，嫁接苗成活率降低。

2. 茄子嫁接技术

（1）适宜砧木。如托鲁巴姆。

（2）适宜接穗。重庆地区喜欢长条形、表皮黑紫、光滑油亮的品种，常选用“渝茄5号”“黑丰”“春秋长茄”“黑武器”等品种作接穗。

（3）嫁接方法。套管法、贴接法、劈接法。

（4）播种时期。重庆地区砧木一般8月中旬播种，接穗为9月中旬，砧木比接穗早1个月播种。

（5）播种方法。砧木托鲁巴姆种子发芽率不高，要浸种催芽，先散播在苗床上，有2～3片真叶时假植在营养钵或穴盘中。接穗均匀撒播在苗床里，也可点播在穴盘里，每穴播种1～2粒。

（6）嫁接时期。砧木有5～6片真叶、接穗有4～5片真叶时开始嫁接。在重庆地区，冬季茄子嫁接一般在10月下旬至11月底进行。

3. 黄瓜嫁接技术

（1）适宜砧木。如黑籽南瓜。

（2）适宜接穗。重庆地区多采用“极早多”“蔬研白绿”“川绿11号”等符合当地消费习惯的黄瓜品种。

（3）嫁接方法。顶插接法、劈接法。

（4）播种时期。接穗和砧木播种期弹性较大，1月初至3月中旬均可播种。如有加温设施，播种期可提前到1月初。

顶插接法：砧木比接穗早播3～5d。

劈接法：砧木和接穗同时播种。

（5）播种方法。将催芽后的砧木种子点播在穴盘或者营养钵中，深约1cm，挂嘴朝下，每穴（钵）播种1粒。将催芽后的接穗黄瓜种子挂嘴朝下，均匀密集点播在苗床里或者育苗盘内。

（6）嫁接时期。

顶插接法：砧木长到6～7cm高，子叶展开，第1真叶半展开、宽不超过1cm时为嫁接适期。黄瓜在子叶展开、真叶刚刚显露时适宜嫁接。

劈接法：砧木苗高6～7cm、子叶展开、真叶刚露时为嫁接适期。黄瓜在子叶展平、心叶刚露时进行嫁接。

4. 苦瓜嫁接技术

（1）适宜砧木。早熟栽培用黑籽南瓜作砧木，长采收栽培用丝瓜作砧木。

（2）适宜接穗。重庆地区适合的接穗为“兴合”系列、“绿如意”、“绿霸王”等品种。

（3）嫁接方法。劈接法、贴接法。

（4）播种时期。接穗和砧木播种期弹性较大，1月中旬至3月中旬均可播种。如有加温设施，播种期可提前到1月中旬。丝瓜砧木比苦瓜接穗提前10～15d播种。黑籽南瓜砧木比苦瓜接穗提前7～10d播种。

（5）播种方法。将催芽后的砧木种子点播在穴盘或者营养钵中，深约1cm，挂嘴朝下，每穴（钵）播种1粒。将催芽后的接穗苦瓜种子挂嘴朝下，均匀密集点播在苗床里或者育苗盘内。

（6）嫁接时期。砧木丝瓜子叶完全张开、出现真叶，接穗苦瓜长到1叶1心时进行嫁接。

5. 丝瓜嫁接技术

（1）适宜砧木。一般选择抗病性强的丝瓜作砧木，如“春盛”。

（2）适宜接穗。结合当地消费习惯，重庆地区适合的接穗为“精品早帅”系列、“春美1号”等深皱、耐热的品种。

（3）嫁接方法。劈接法、贴接法。

（4）播种时期。接穗和砧木播种期弹性较大，1月中旬至3月中旬均可播种。如有加温设施，播种期可提前到1月中旬。砧木丝瓜比接穗丝瓜提前5～7d播种。

（5）播种方法。将催芽后的砧木丝瓜种子点播在穴盘或者营养钵中，深约1cm，挂嘴朝下，每穴（钵）播种1粒。将催芽后的接穗丝瓜种子挂嘴朝下，均匀密集点播在苗床里或者育苗盘内。

（6）嫁接时期。砧木丝瓜子叶完全张开、出现真叶，接穗子叶展平、心叶刚露时进行嫁接。

（三）嫁接苗管理

1. 嫁接中管理

冬、春季节，在大棚中加盖小拱棚。夏季嫁接时，嫁接苗置于阴凉地方，用多层遮阳网遮光，降温保湿。冬、春季节，嫁接50～60株就应喷水，移入小拱棚中；夏季嫁接20株左右喷水移入遮阳棚中。为了防止接口感染，在喷水中还可加入多菌灵等杀菌剂。苗床内的空气湿度要保持在90%以上，不足时要向地面洒水，但不要向苗上洒水或喷水，避免污水流入接口内，引起接口染病腐烂。

2. 光照控制

为促进砧木和接穗嫁接口的愈合，嫁接后3～5d应遮光。可用1～2层遮阳网覆盖在小拱棚上，也可直接用黑色薄膜盖小拱棚，以后逐渐去除遮光物。

1周以后，逐渐晾棚，先晾拱棚的两头，再晾两边，直至全部敞开。整个过程大约需要15d。

3. 成活后至定植前的管理

嫁接成活后，一般为嫁接后20d左右，就可去掉固定用的嫁接夹。及时去除嫁接苗砧木上长出的砧木的芽或者腋芽，以保证接穗苗的正常生长。将接口愈合好、生长快的大苗放置在温度、光照等条件相对较差的地方，将伤口愈合差、生长速度慢的小苗放置在温度、光照等条件相对较好的地方，通过分级管理，使幼苗的大小逐渐趋于一致，便于定植。

四、注意事项

1. 定植深度

嫁接苗定植时，接口一定要露出地面。尤其是番茄和茄子的挂果盛期，为防止植株倒伏，许多农户有在根颈部位覆土的习惯，要防止泥土盖住接口，避免接穗生出的根系接触土壤中的病菌。

2. 定植密度

茄子、苦瓜嫁接苗定植密度应适当小于未嫁接的自根苗，茄子定植密度为1 000～1 500株/亩，苦瓜定植密度为80～120株/亩。番茄、黄瓜、丝瓜为常规栽培密度。

3. 及时去掉砧木侧芽

定植后要随时到田间观察，去除砧木侧芽，防止侧芽长大后影响接穗正常生长。

第二节　丝瓜套袋防虫提质技术

一、概述

丝瓜套袋防虫提质技术即在丝瓜生长过程中，给幼瓜套上量身定制的塑料袋，以减少瓜实蝇对丝瓜的危害，提高丝瓜商品性。

二、作用

1. 丝瓜套袋后可减少瓜实蝇危害，产量有保障

与药剂防治相比，丝瓜套袋栽培的瓜实蝇危害率下降40%左右，平均亩产量可提高500～750kg。

2. 减少农药施用，品质有保障

在瓜实蝇危害严重期间，丝瓜套袋栽培可减少农药施用，减少农残。

3. 提升商品性，增收有保障

经套袋栽培的丝瓜瓜形笔直、匀称，长短、大小一致，外形美观整齐，硬度更高，减少储运及销售中的损耗，保鲜期可延长5～7d，套袋丝瓜的基地批发价一般可提高 0.6～2 元/kg。

4. 提高采摘效率，大幅降低人工成本

套袋丝瓜采摘时连同袋子一起采摘，比传统的采摘方式提高劳动效率 50%左右。

三、具体技术

1. 丝瓜平口袋材质及规格

应采用无色、透明，符合食品包装要求的聚丙烯材质制作，长度、宽度可根据丝瓜品种特性设置，推荐制作规格为长 35～40cm、宽 9～10cm，可满足大部分丝瓜品种生长要求。

2. 使用方法

应选合适的套袋时机，一般在幼瓜坐果成功、雌花凋谢后，以丝瓜长度达到 10cm 左右为宜。具体方法是将丝瓜放进聚丙烯袋，使袋口略高于丝瓜瓜柄 3～5cm 即可。

四、注意事项

丝瓜套袋需在丝瓜果实大小适宜时进行，套袋太早，丝瓜较小，袋子容易滑落；套袋太晚，丝瓜则可能已遭瓜实蝇危害，或瓜形变差不顺直，失去套袋的意义。为避免套袋边沿破裂，丝瓜平口袋需要有一定厚度。不得使用不符合食品卫生要求的材质制作套袋。

第三节 青菜头直播技术

一、概述

青菜头（又称茎瘤芥）直播技术是利用机械或人工的方式，不经过育苗，直接将青菜头种子播种到土壤中去。

二、作用

青菜头直播技术与传统青菜头育苗种植方式相比，省去了育苗移栽环节，可有效降低劳动强度，减少用工。

三、具体技术

1. 品种选择

选择播期弹性大、产量高、品质优、商品性好、适于直播的良种，如“永安小叶”“渝早100”等。

2. 播前准备

（1）整地。应选择排灌良好、土层深厚、疏松肥沃的中性或微酸性的壤土、黏壤土和砂壤土，重黏土、砂土不宜，过酸或碱性土壤不宜。旱地一般排水良好，用耕作机械深耕1次，再耙细、耙平。水稻田在水稻收获时须提前排干田间积水，水稻收获后灭茬深耕1次，并挖好排水沟（排水沟大小根据当地常年降水量而定）。播种前按1.5m开厢，厢面宽1.3m，厢沟宽0.2m，沟深0.15～0.20m，并将厢面耙细整平。有条件时，现耕现播更好，这样土壤水分多，播种后对出苗更为有利。

（2）施底肥。翻地前，施完全腐熟的有机肥1t/亩以上，复合肥（总养分含量≥25%）30～50kg/亩，再利用旋耕机械将肥料与耕层土壤充分混匀，作底肥。

3. 播种

（1）播种时间。渝西地区海拔500m以下区域，最佳直播时间为9月25日至10月5日。播种过早，品质不佳；播种过晚，产量较低。应根据气候条件、土壤条件和品种特性，选择适宜的播种时间。

（2）播种方式。可采用机械播种或人工点播。机械播种采用青菜头直播机。

（3）播种密度。一般每穴播种4～6粒，株行距33cm×33cm，亩植6 000株左右，每亩用种量一般为40g。播种时用高巧（吡虫啉）等种衣剂拌种，能有效减轻苗期病虫害。

4. 田间管理

（1）间苗。齐苗后及时间苗，防止形成高脚苗、瘦苗、弱苗。

（2）定苗、补苗。菜苗有5～6片真叶时，及时定苗和补苗（就地带土移栽），每穴1株。

（3）追肥。菜苗有3～4片真叶时，施用尿素4～6kg/亩。定苗后再施1次高氮型缓控释肥（总养分含量≥40%），用量为45～55kg/亩。

5. 病虫害防治

若出现蚜虫，可每亩挂30～34张黄板进行诱杀。化学防治：用吡虫啉或噻虫嗪，每隔7～10d施用1次。对黄曲条跳甲、小菜蛾、菜青虫等可使用啶虫脒、高效氯氰菊酯或BT乳剂防治。对蝼蛄、小地老虎等地下害虫可用辛硫磷、敌百虫浇根。对蜗牛、蛞蝓等软体动物可用四聚乙醛防治。

对根肿病，病株开始出现时，用石灰乳浇根或用氟啶胺+基因活化剂灌根。对病毒病，可用几丁聚糖、氨基寡糖素或盐酸吗啉胍防治，同时要严防蚜虫传播病毒。对软腐病，要加强病害防治及田间排水，可用中生菌素、氢氧化铜或噻唑锌防治。

6. 采收

菜株“冒顶”时收获最为适宜。“冒顶”即用手分开2～3片心叶能见淡绿色花蕾。过早收获，青菜头瘤茎未充分成熟，产量不高，影响菜农收入；过晚收获，青菜头瘤茎含水量增加，皮筋增厚增粗，营养物质含量降低，加工成菜率下降，品质变劣。

四、注意事项

第一，直播时间一定要把握好，最佳直播时间为9月25日至10月5日。播种过早，容易先期抽薹、空心，菜头品质不佳；播种过晚，产量较低。

第二，青菜头瘤茎膨大时，温度必须下降至15℃以下，最适宜温度为6～10℃。如在瘤茎膨大时期遇异常气候，容易造成瘤茎不膨大、先期抽薹。在气候异常时期可使用植物调节剂进行调控，一般调控两次，第一次是在开盘至封林前，第二次是瘤茎长到鸡蛋大小时可每亩使用甲哌鎓60g+硫酸二氢钾100g+苯甲丙环唑5g进行调控。

第三，做好间苗。齐苗后及时间苗，确保1穴1株，多余幼苗应及时拔除，防止形成高脚苗、瘦苗、弱苗。间苗后的株行距保持在33cm×33cm，亩植6 000株左右。

第四，常年根肿病危害较重的土壤不宜采用直播栽培。

第五，常年杂草发生量较大的土壤不宜采用直播栽培。

第四节　萝卜轻简化栽培技术

一、概述

萝卜是我国第二大蔬菜作物，也是鲜食加工兼用型蔬菜，在我国南北地区均广泛栽培。重庆年播种面积近90万亩，其中白萝卜 73.5 万亩，是农户增收、市场保供的重要农产品。

萝卜轻简化栽培是在当前农村劳动力缺乏、劳动成本不断上涨的情况下，尽可能采取机械化生产，以实现高效快捷、节本增效的生产方式。

二、作用

萝卜轻简化栽培技术可大幅度提高机械化利用水平，提高劳动效率，减少耕地、播种、施肥、施药过程中的人工需求，提升产品质量。

三、具体技术

1. 播前准备

（1）选择地块。宜选择土层深厚、疏松、排水良好、肥沃、平整的砂壤土。一般以冲积坝地为佳。避免与十字花科作物连作。

（2）种子处理。秋、冬季长根型萝卜可选“迎秋”“迎冬 2 号”“秋宝”等品种，圆萝卜可选“秋雪 1 号”“秋雪 2 号”“秋雪 3 号”“秋雪 13 号”“卓豪圆宝”“粉团”等品种，春季可选用“迎春 4 号”等长根型品种，未包衣的种子在播种前可进行种子包衣。

（3）施底肥。播种前 15～20d 整地施底肥，可施用腐熟有机肥 2 000～3 000kg/亩作底肥，混合辛硫磷（2～3kg/亩）杀地下害虫。

2. 机械化整地和施肥、播种

（1）整地。选用的机型大小根据地块大小而定。一般江边冲积地可选用 75～150 马力拖拉机，带动 2～3m 宽旋耕机，翻耕深度为 25～30cm，碎土率≥80%，地表平整度≤5cm，均匀一致。

（2）播种时间。中秋节前后到翌年3月底均可播种。

（3）一体化起垄、施肥、播种。

机械起垄、施肥、播种：萝卜播种常用与拖拉机配套的悬挂式气吸精量联合直播机，可一次完成起垄、开沟、施肥、播种、覆土、压实等作业。每亩用种量为100～150g，直播深度以0.5cm为宜；单垄单行，播行应直，垄高20～30cm，行距50cm。8—9月播种，株距宜稀，一般以20cm为宜，10月后播种，株距宜密，一般为15～18cm。

施肥量：每亩施氮肥11～13kg、磷肥4～6kg、钾肥13～15kg、钙肥5.0～6.0kg、镁肥1.0～1.2kg；不偏施氮肥。

覆土盖种：播种机自动完成一体化盖种。

3. 水肥管理

（1）覆膜。地膜宽度根据行距大小而定。覆膜要求严、实、紧。8月至9月中旬气温较高时，播种后暂不覆盖地膜，等萝卜长出2～3片真叶后再覆盖，并用铁钩钩出出苗孔。9月下旬播种后及时覆盖地膜。

（2）水肥管理。根据土壤墒情和作物长势，适时、适量做好水肥管理。冲积坝地因土壤吸潮快，一般无需人为浇水灌溉即能满足萝卜的需求。其余地块播种后要充分灌水，土壤有效含水量宜在80%以上；苗期土壤有效含水量宜在60%以上；肉质根膨大期土壤有效含水量宜在70%～80%。

封行后视萝卜长势决定是否追肥，如长势欠佳，可适度补充1次叶面肥。

4. 病虫害防治

（1）萝卜病害主要有霜霉病、黑斑病、黑腐病、病毒病等。用乙膦铝、烯酰吗啉等防治霜霉病；用苯醚甲环唑、异菌脲、百菌清等防治黑斑病；用铜制剂防治黑腐病；用苯醚甲环唑、吡唑醚菌酯等防治炭疽病。防治病毒病首先应做好蚜虫防治工作，并在发病初期用吗胍·乙酸铜或宁南霉素防治。

（2）虫害主要有黄曲条跳甲、蚜虫、小菜蛾、菜青虫、斜纹夜蛾、甜菜夜蛾。可选用吡虫啉、噻虫·高氯氟等防治蚜虫；用辛硫磷防治种蝇地下害虫；用阿维菌素防治根结线虫、黄曲条跳甲和鳞翅目幼虫。

推荐用无人植保机开展作业。药液浓度配比正确，喷雾均匀，药液雾化良好，药液喷洒均匀，保证药液在植株上的覆盖率达到100%。

5. 采收

采用人工采收。萝卜的采收期因品种不同而异，一般在肉质根已充分膨大、根的基部圆腚时采收。

6. 机械化清洗

用自动化清洗流水线实现自动上料、清洗、转运等功能，可用6LX－300－12萝卜清洗机清洗萝卜，配套相应的传送带输送萝卜可提高工作效率，清洗效率≥10t/h，洗净率≥95%，损伤率≤5%。

四、注意事项

第一，合理选地，忌用未腐熟有机肥。萝卜的块根为可食用部位，根型的优劣决定其商品性，应选择土层深厚、疏松的砂壤土，土质黏重的地块或新开垦的撂荒地不利于根系向下生长，容易出现分叉等畸形根。施用的有机肥未经腐熟、地下害虫严重也会造成畸形根。

第二，增施有机肥、钾肥，配合施用中微量元素肥。萝卜在施用有机肥不足的情况下品质较差，应增施有机肥。钾肥60%在肉质根生长前期和膨大期追施。微量元素缺乏的地块生产的萝卜久煮不烂，应增施硼肥，可在施底肥时每亩施硼砂1kg，或在生长中后期叶面追施硼肥2～3次。

第三，采收后及时清洁田园，集中处理植株残体。

第五节　番茄避雨栽培技术

一、概述

南方地区降雨较多，番茄果实成熟期间降雨多，极易引起病害，造成减产、品质下降。番茄避雨栽培技术即在番茄的生长季节为其覆盖塑料薄膜，下雨时，雨水顺膜流下排至田外，从而给番茄提供了隔绝雨水的小环境，降低了棚内土壤湿度，减少病害发生，同时具有保温效果，对促进番茄提早成熟起到一定的作用。

二、作用

1. 改善局部小气候环境

重庆 5—7 月降雨较多，雨水冲刷会造成根系外漏、土壤肥力损失，避雨栽培可有效减少上述情况的发生，同时薄膜可遮挡强光，减少果实晒伤、开裂，使果实色泽好、亮度高。

2. 减少病虫害发生

避雨栽培能够实现对局部温、湿度的控制，减少病菌繁殖和发病率。

3. 降低生产成本

避雨栽培可有效减少疾病发生，减少农药使用量，既节约了农药成本，又节约了劳动力成本。

三、具体技术

1. 避雨设施

可利用已有钢架大棚，既实现冬季保温越冬栽培，又实现夏季避雨栽培。最低气温在12℃以上，避雨栽培时可将薄膜四周打开，只留顶部薄膜。结合气候条件，可全生育期覆盖顶膜。

2. 品种选择

“红利”“极品红冠”“金红12号”“渝番717”“渝番718”等红果品种。

3. 播种

（1）播种时间。大棚春提早栽培，10月下旬至11月中下旬开始播种育苗。

（2）浸种催芽。浸种2～6h，然后在25～30℃条件下催芽，每天洗种1次，50%～60%的种子露白（发芽）、芽长0.2～0.5cm时即可播种。

（3）播种密度。播种床用种以5～10g/m^2为宜；穴盘育苗，每穴播种1～2粒。

（4）播种方式。育苗应在覆膜的大棚内进行。一般选择商品育苗基质，可使用多菌灵或百菌清消毒。使用穴盘育苗，每穴播种1～2粒，播种深度1cm左右，播种后浇透水，用地膜覆盖保温保湿，促进出苗；也可直接撒播在育苗床上，将种子与草木灰、木屑、细砂土等拌匀后再播，播后覆盖薄薄一层细土，喷湿苗床，盖上薄膜，减少水分蒸发。有2片真叶时分苗，选择长势均匀、健康的幼苗栽植到穴盘或营养钵中，每穴（钵）1株，加盖小拱棚。

4. 苗期管理

（1）温度。温度控制在白天23～28℃、夜间13～18℃，低温保持在18～23℃。播种至齐苗前，以保温、保湿为主，出齐后适当降低棚温，加强通风排湿。

（2）管理。70%左右幼苗出土时，薄膜被拱起，1～2d后齐苗，然后揭去地膜。为防止幼苗徒长，尽量减少浇水次数，做到见干见湿，利于培育壮苗；基质表面呈干燥疏松状态时及时浇水；苗后期要适时控水，以促进根系生长。番茄出芽后可使用普力克+恶霉灵杀菌。

（3）齐苗至分苗前的管理。从齐苗到幼苗长出 2 片真叶这一阶段，白天超过 25℃时应当通风。分苗前要炼苗，白天温度可降至 20～22℃，夜间不降到 8℃以下。炼苗 3～4d 后，就可在晴天分苗了。

（4）分苗的管理。幼苗长有 2 片真叶时就应分苗（也可移入塑料营养钵内或假植）。分苗后加盖小拱棚，提高床温，少放风，促进发根缓苗。缓苗后到幼苗长有 5～6 片真叶这一期间，温度保持在正常管理水平，适量通风，既要秧苗快长又不使其徒长。在此期间要保持土壤水分供应，防止缺水，土壤发干时应喷水。

（5）定植前管理。定植前 7～10d 低温炼苗。炼苗期间白天 18～20℃、夜间 8～10℃，这段时间一般不浇水、不施肥。晴天白日逐渐增加拱棚揭膜时间和揭膜面积，夜晚把膜全揭开，到定植前 2～3d，白天、晚上都把拱棚膜全揭开。定植前 1d 喷百菌清、多菌灵等防止病害。

5. 定植

（1）定植时间。12 月下旬至翌年 1 月上中旬，大棚内定植。

（2）定植选苗。苗高 15～20cm、长有 5～6 片真叶时即可定植，选择根系发达、植株无病虫害、无机械损伤的秧苗定植。

（3）定植密度。定植宜在晴天进行，按照目前钢架大棚 8m 宽度，沿大棚两边 60cm 左右开厢，定植 1 行番茄。沿着厢边在棚内部开环形沟，沟深 30cm、宽 30cm，以便雨水排出棚外。棚内其余地块按 1.5m 左右包沟开厢，共开 4 厢，退窝 50cm，双行种植，覆盖黑白膜除草保温，每亩 2 000 株左右。定植后浇足定根水。

6. 田间管理

（1）水肥管理。

底肥。番茄植株大，结果多，根吸收能力强，需水量较大。

重施底肥，每亩施腐熟有机肥 2 000kg 加复合肥 50kg、钙镁肥 40～50kg，随机械深翻施入。

追肥。番茄每次开花前喷施 1 次硼肥，亩用量 30g。番茄对钙肥的需求量大，缺钙容易造成脐腐病，故在番茄结果初期喷施 1 次液态钙肥，如糖醇钙等，亩用量 25mL。一般开花盛期过后可减少或不施用硼肥，后期可根据番茄脐腐病发生情况减少施用钙肥。

第二穗果膨大时，一般再追肥 1 次，每亩追施高钾复合肥（建议氮、磷、钾比例为 15∶5∶25）25kg。以后根据植株长势，追施高钾复合肥 25kg 1～2 次。

在盛果期，还可叶面喷施磷酸二氢钾以防止早衰，但应注意，磷酸二氢钾不能与钙肥同时使用。

浇水。番茄盛果期需水量增加。在避雨栽培的环境中，植株所需水分来自人工灌溉，应加强水分管理，一般根据土壤情况，每隔 7d 左右浇 1 次水，但追肥灌水要均匀，否则易出现空洞果或脐腐病。

（2）搭架绑蔓整枝。在苗高 33cm 前搭架绑蔓。无限生长型采用单干整枝，将第 1 花序下侧枝全部摘除；自封顶型采用双干整枝，第 1 花序下保留 1 个侧枝，其余侧枝全部摘除。第 3 穗花开时，应在上面留 1～2 片叶，早摘心会减少养分消耗，促果膨大早熟。

整枝打腋芽最好在晴天气温较高时进行，一般在 10∶00 露水干后开始，15∶00—16∶00 结束，伤口易于愈合。整枝打腋芽与上架同时进行，病株与健康株分别操作，先整无病株，后整病株，降低传染率。

（3）覆膜管理。12 月下旬至翌年 1 月上旬番茄定植后，大棚膜处于全封闭状态，3 月上旬温度升高，可逐渐揭开两边棚膜，晚上放下。3 月中旬最低温在 12℃以上，可将薄膜四周打开，只留顶部薄膜。

（4）疏花疏果。早熟栽培每株留3～4台果，最后1台果之上留2～3片叶打顶，每台果坐稳后，要及时疏去畸形果、僵果和多余的小果实；每台果选留3个发育正常的果。第1、第2穗果采收后，应去除下部老化黄叶。

7. 病虫害防治

（1）番茄病害。主要有早疫病、晚疫病、灰霉病、病毒病、青枯病等。早疫病发病早期喷施代森锰锌、苯醚甲环唑或百菌清等防治；晚疫病发病初期用精甲霜灵·锰锌＋双炔酰菌胺或烯酰吗啉＋氟啶胺等防治；灰霉病发病初期喷施嘧霉胺或腐霉剂等防治；病毒病采用氨基寡糖素、几丁聚糖或盐酸吗啉胍防治，同时防治蚜虫；青枯病采用苯醚甲环唑、噻菌铜或中生菌素等防治。

（2）番茄虫害。主要有蚜虫、棉铃虫。若出现蚜虫，可每亩挂30张黄板诱杀，或采用吡虫啉、噻虫嗪、啶虫脒等防治；棉铃虫采用阿维菌素或高效氯氰菊酯等防治。

8. 采收

番茄采收期根据运输距离长短而有所不同。番茄果实表面有3/4变红时，营养价值最高，是鲜食的最佳时期，适合就近供应或短距离运输。番茄顶部转色，其余部分为白绿色，适合1～2d运输销售。采收时剔除病果、畸形果，分级装箱上市。

四、注意事项

第一，番茄避雨栽培，水分来自人工灌溉，应结合土壤情况浇水。晴天一般结合土壤情况7～10d灌溉1次。

第二，番茄避雨栽培受薄膜的影响，植株光照不足，有条件的地方可在连续晴天或以多云天气为主时临时揭膜，使植株光照充足，有利于养分积累和花芽分化，同时减轻高温影响。

第三，番茄避雨栽培受棚膜的影响，夏季棚内温度过高时，可采用覆盖遮阳网的方式降温。

第六节　大棚辣椒春提早栽培技术

一、概述

大棚辣椒春提早栽培技术，就是在寒冷时节，利用大棚的保温性能在棚内栽培辣椒，以达到比露地辣椒提早上市的目的，实现早熟、高产和高效的栽培形式。

二、作用

大棚辣椒春提早栽培技术可使辣椒早上市 1 个月以上，抢占早春市场，实现高产值、高收益。

三、具体技术

1. 品种选择

主要选择早熟、耐寒、耐弱光、高产、抗病性强的品种，目前合川区主要栽培品种为“湘研 902”“尊虎 6 号”“辣丰帅优”“润美 800”“雨润 808”等。

2. 播种

（1）播种时间。9 月下旬播种育苗。9 月份温度较高，可不进行催芽。

（2）播种密度。宜采用穴盘及育苗基质育苗，每穴播种 1～2 粒。也可采用苗床育苗，按照土壤与腐熟有机肥 6∶4 的比例混合均匀配制营养土，每 1 000kg 营养土中加入 50g 甲基硫菌灵，或者多菌灵 80g，再加入 5～10kg 复合肥。播种前，苗床要浇足底水。待水下渗后，在苗床上薄薄地撒一层细土，然后播种。1m² 播 5g 种子，播种后盖 0.5cm 厚的细土，浇足底水，盖严棚膜。

3. 苗期管理

（1）温度。棚内温度维持在 25～30℃，地温维持在 20℃为宜，最高不超过 30℃，最低不低于 15℃。

（2）苗床管理。由于播种时覆土较浅，需要在幼芽刚顶土时加覆一层细土，以利于种子脱壳。

在第 1 片真叶顶心时间苗，拔掉过密苗和过弱苗，间距控制在 2.5～3cm。边间苗边用手指头在所留苗子的根隙处轻轻压实，间苗后喷水 1 次，防止“掉苗”。

（3）分苗。幼苗展开 2～3 片真叶时应分苗。分苗应在晴天进行，可使用营养钵分苗。起苗时尽量少伤根，挑大小相当的两棵苗栽穴，一边起一边栽，注意遮阴，不能让其萎蔫。栽后适量浇水，以浇透营养钵为宜。

4. 定植

10 月下旬至 11 月上中旬定植，1.3m 左右包沟开厢，种双行，8m 宽大棚种植 6 厢。退窝 0.5～0.6m，每亩定植 1 500～2 000窝，每窝双株，黑白膜覆盖。辣椒早熟栽培适当密植，能获得较高的早期产量，实现更高的经济价值。

5. 田间管理

（1）温度管理。定植后 1 周内不通风，以保温为主，辣椒的生长适温为 20～25℃；夜间温度不能低于 10℃。气温上升时，苗期揭膜通风换气，开始时间为 9：00—10：00，结束时间为 15：00—16：00，根据天气情况，晴天可适当延长，阴天可适当缩短。

（2）水分管理。辣椒较耐旱，不耐涝，要获得高产，必须加强水分管理，开花结果期如遇干旱，要适时灌溉，保持土壤湿润。

（3）肥料管理。

底肥：每亩施入腐熟有机肥2t以上，加上复合肥50kg、生物菌肥30kg、硅钙镁肥50kg。将肥料与土壤充分拌匀，定植后施定根清粪水，促进成活。

追肥：辣椒挂果前期追施高钾复合肥（建议氮、磷、钾比例为18∶5∶22）1次，亩用量10～20kg。后面根据辣椒长势在中期、后期再追施高钾复合肥1～2次。生育期内根据长势，每采收1～2次，用磷酸二氢钾对叶面适当追肥1次。

（4）中耕除草。植株未封行时，结合除草进行培土，防止倒伏。

（5）调整植株。门椒坐稳后，应将门椒以下的老叶和侧枝全部去除，使主枝与地面之间形成一定空间，便于通风透气和降温，有效预防病害。生长势弱的植株第1、第2层花蕾也要及时摘掉，以促进营养吸收，后面生长的无效侧枝应及时去除。

（6）采收。果实充分膨大，果肉厚、坚实，辣椒表面有一定光泽即可采收。辣椒进入盛果期，采收要勤，做到轻收勤收，通常2～3d采收1次。

6. 病虫害防治

（1）辣椒病害。主要为病毒病、疫病、炭疽病。病毒病采用氨基寡糖素、几丁聚糖或盐酸吗啉胍防治，同时防治蚜虫；疫病在发病初期喷施杀毒矾、克露或瑞毒霉锰锌防治；炭疽病采用克菌·戊唑醇、苯甲嘧菌酯或氟啶胺防治。

（2）辣椒虫害。主要有蚜虫、红白蜘蛛、钻心虫、烟青虫、蓟马等。若出现蚜虫，可每亩挂30张黄板进行诱杀，或采用吡虫啉、噻虫嗪、啶虫脒防治；红白蜘蛛、茶黄螨可采用阿维菌素＋哒螨灵或丁氟螨酯等防治；钻心虫、烟青虫的防治重点应在开花初期，可采用氯虫苯甲酰胺、溴虫氟苯双酰胺、苏云金杆菌或甲氨基阿维菌素苯甲酸盐等防治；蓟马采用挂蓝板或噻虫嗪防治。

四、注意事项

第一，辣椒门椒应尽早采收，以免影响植株生长和早期产量。

第二，为防止辣椒落花落果，应严格合理施肥控水，在辣椒未坐果前尽量不要浇水施肥，控制辣椒营养吸收，促进生殖生长；同时注意防治病虫害，如病毒病、蓟马等，也可在开花初期适当使用植物调节剂，如三十烷醇等进行调控。

第七节　双季丝瓜栽培技术

一、概述

双季丝瓜栽培是在丝瓜主产区域，为满足市场上对丝瓜的消费需求而推广的提早和延迟栽培方式。分为春季早市栽培和秋延后栽培两季。

二、作用

双季丝瓜可延长丝瓜的市场供应期。春季丝瓜 4 月初提早上市，秋季丝瓜 8 月中下旬即可采收，全年采收期为 4 月初至 11 月，显著提升丝瓜产量，有助于缓解 9—10 月重庆蔬菜供应“秋淡”问题。秋季丝瓜栽培还可利用上一季豆类、黄瓜等蔬菜采后的地膜、棚架，减少投入成本，提高土地利用率，提升丝瓜产值和种植效益。

三、具体技术

1. 春季丝瓜种植

春季早熟丝瓜在 1 月至 2 月中旬大棚温床育苗播种，可在 4

月初开始采收（具体技术内容参见第四章第二节）。

2. 秋季丝瓜种植

（1）品种选择。选择耐热性较好的早中熟品种，如“早帅D-2”“早帅D-3”系列及“春美1号”等皱皮丝瓜。

（2）播种育苗。

播种时间：播种过早，高温干旱期间植株生长受限；播种过晚，采收后期气温降低，产量不高。长江流域一般在6月上旬至7月15日播种较适宜。

种子处理：丝瓜种子在50～55℃的温热水中浸泡20min，再用20～25℃的清水浸泡4～8h，使种子充分吸水，有利于后续的萌发；洗净种子，捞出用湿布包好，放在28～32℃恒温环境下催芽。

播种：选用穴盘或营养钵育苗，装满基质后，播种经过前处理后已露白的种子，每穴（钵）1粒，播后用基质覆盖种子，浇透水，覆盖遮阳网。

苗期管理：播种后注意保湿，2～3d幼苗开始拱土即揭开遮阳网。

（3）移栽定植。

整地施底肥：定植前7～10d开始整地施底肥，底肥以有机肥为主，每亩可施腐熟有机肥1 000kg、饼肥100kg、复合肥50kg（氮∶磷∶钾为15∶5∶25）。将肥料均匀撒于地面，深耕混匀。1.33m开厢（包一面沟）。以深沟高厢栽培，将畦面整成龟背形，覆盖银灰色地膜。

建议在上一季种植豆类、黄瓜并已采收结束的菜地上种植丝瓜，可免耕栽培，节省人力和菜架、地膜等成本。

定植：幼苗长出4～5片真叶时定植为宜。选阴天进行。根据栽培模式可选择稀植或密植，每亩密植可定植1 000株，稀植可定植500株左右。单行单株或双株均可。定植后浇定根水，并用土杂肥或泥土封严定植孔。

（4）田间管理。

温、湿度管理：定植后以遮阴降温保湿为主，促苗成活。大棚栽培应将大棚四周敞开放风，棚顶盖遮阳网至缓苗，然后视棚内温度高低决定是否盖网。10 月中旬将裙膜盖上保温，白天棚内温度维持在 20～30℃，高于 30℃卷膜通风降温，低于 20℃放膜保温。10 月中下旬气温下降时及时扣棚保温，选晴好天气中午适时放风。

搭架引蔓：露地一般采用人字架或篱架搭架引蔓方式。大棚栽培可将大棚杆作为支撑架。如在上一季种植豆类、黄瓜并已采收的菜地上种植丝瓜，可直接使用原有藤架，以节约人工成本。

秋延后丝瓜可适当延迟绑蔓时间，以促进侧枝结瓜，瓜蔓出现 2～5 朵雌花后再绑蔓上架，一般于晴天下午进行。

打顶整枝：从 7～8 片叶开始留瓜，主蔓有 2～3 个幼瓜时摘心，留顶部 1 个强壮侧芽。第一批瓜采收后落蔓，留 1 个健壮侧蔓，引侧蔓上架，侧蔓又产生雌花坐果时，仍留 2～3 个瓜摘心，以此类推。打顶整蔓每 3～5d 进行 1 次。及时摘除老、弱、病、畸的叶、花、果，每株丝瓜保留至少 12 片功能叶。

肥水管理：丝瓜定植 1 周后进行第一次追肥，一般追施水溶性肥，每亩用量 5kg 左右；开花初期或第一个瓜坐稳之后，适当提高浓度进行第二次追肥，促进果实生长发育；开始采摘后每 7～10d 追肥 1 次，每亩用复合肥 7kg 左右。整个生育期间畦面保持湿润状态，以确保丝瓜持续结果，延长其采收期。

（5）病虫害防治。

病害防治：丝瓜主要病害有猝倒病、细菌性角斑病、枯萎病等。猝倒病可喷洒霜霉威水剂或甲霜灵可湿性粉剂，连防 2～3 次；细菌性角斑病发病初期用可杀得可湿性粉剂喷洒。枯萎病用苯菌灵可湿性粉剂或多硫悬浮剂灌根，每株灌 0.5L，连防 2～3 次。

虫害防治：主要虫害为瓜实蝇。推荐使用丝瓜套袋栽培，能很好预防瓜实蝇危害，也可悬挂瓜实蝇粘虫板或在粘虫板上喷洒瓜实蝇性引诱剂以诱杀瓜实蝇成虫。

（6）适时采收。单瓜成熟、花刚谢时采收为宜。一般每 3d 左右可采收 1 次，秋延后一般可采收到 11 月，亩产 2 000～2 500kg。

四、注意事项

第二季丝瓜要注意将播种时间控制在 7 月 15 日之前。如在 7 月中旬后播种，丝瓜挂果期温度逐渐降低，不利于果实生长发育，影响产量。

第八节 藤菜极早熟长采收栽培技术

一、概述

藤菜又名空心菜、竹叶菜、蕹菜，有旱藤菜与水藤菜之分，是合川区乃至重庆市主要叶菜品种之一，2021 年重庆全市播种面积 30.13 万亩，产量 75.68 万 t，分别占蔬菜总量的 2.5%、3.5%。合川区是重庆水藤菜主产区，常年种植面积达 2.2 万亩。藤菜极早熟长采收栽培技术是利用大棚和微喷灌等设施，采用优选早熟老炼的藤菜秧苗，在定植压苗、肥水管理、病害防控等方面优化集成的一套综合技术，可促成藤菜极早熟长采收。

二、作用

藤菜极早熟长采收栽培是利用大棚设施育苗，有别于传统的“火窖子”催芽育苗栽培，且不易受“倒春寒”等气候影响，可实现早育苗、早定植、早上市，在 4 月可作为度淡季蔬菜产品供应重庆市场，在蔬菜均衡供应中发挥着重要作用。微喷灌等设施在夏季持续干旱期间可实现节水灌溉，保障藤菜实现长采收，有效缓解淡季蔬菜产品供求矛盾，提高菜农生产效益。一般在采收前期（5月底前）亩产值可达20 000元以上，全生育期可达35 000元，经济效益十分显著。

三、具体技术

1. 设施准备

重庆藤菜极早熟长采收栽培在大棚或中棚等保护地内进行。一般采用钢（竹）架大棚，以宽6～8m、高2.5～2.8m、长30～40m为宜，覆盖10丝的PE大棚无滴膜，定植前20d覆膜扣棚，密闭四周。棚内安装微喷灌设施。

2. 种藤选择

选择云南省、四川省西昌市培育的或合川本地培育的，不带根，长度在12～15cm的藤菜老炼种苗，要求色泽正常，节间芽苞完整，无病虫。

3. 整地开厢施底肥

1月上中旬，选择向阳、肥沃、水源取用方便、保水保肥力强、脚泥浅、回温快的砂质或半砂半泥旱田进行翻耕整治，每亩施入腐熟有机肥2 500kg、养分含量在40%以上的高氮型复合肥40kg做底肥，翻耕时充分混匀、耕平。1.33m（包沟）开厢，厢面宽1.0～1.1m，沟深10～15cm。

4. 适时定植

立春前后定植，选晴天进行，定植前保持厢面湿润，行株距20cm×10cm，每亩不少于25 000株。选择长12～15cm、有8～10节的藤菜老炼秧苗平栽、浅栽。将苗2～4个基部茎节平放栽培入表土层，覆土1～2cm，轻轻压实，露出嫩梢和大部分叶片，栽后浇足定根水，以利生根发棵。

5. 田间管理

（1）温度管理。藤菜定植后缓苗期间，应密闭大棚膜，以利棚内温度快速回升，促进藤菜苗生根发棵。定植15d后，逐渐加强敞棚通风换气，减少棚内湿度，避免病害发生。一般在3月底之前应以保温促生根发棵为主，之后以通风换气促健壮生长为主。5月底温度升高并稳定后，可揭开大棚天膜。

（2）水分管理。藤菜定植至生根发棵前，应保持土壤湿润；待幼苗出根后，遵循“见干见湿”的原则进行“晒田”和浇水，做到干湿循环，有利于提高地温。藤菜整个生长时期都应保持土壤润而不湿，避免沤根。

（3）压苗。藤菜定植后20d左右，植株长出3～5个侧芽，侧芽长5cm左右时要进行压苗处理，促进根系生长。选择在晴天将植株地上部的4～5个茎节再次平放埋入表土层，覆土1～2cm，轻轻压实，露出侧芽、嫩梢和大部分叶片，压苗后浇足定根水。

（4）及时追肥。藤菜追肥以腐熟有机肥或复合肥为主。生长前期（5月底之前）一般采收2次，每亩追施6～7kg冲施型全水溶复合肥作为提苗肥，追肥宜早晚进行，浓度不应过高，以防肥料烧伤叶片。进入生长旺盛期（5月底之后），每采收1次，每亩追施8～10kg冲施型全水溶复合肥以促进植株生长，采后若不及时追肥或脱肥都会降低产量和品质。

（5）病虫害防治。

病害防治：藤菜常见病害有猝倒病、灰霉病、白锈病等。发病原因多为高温高湿、通风不良。因此，应加强棚内温、湿度管理和调节，同时杜绝重病田连作。土地翻耕时可每亩撒施生石灰或牡蛎钾进行消毒调酸；发现病株，及时摘除病叶，并用波尔多液、代森锌、代森铵等药剂防治，每周1次，共喷2～3次。

虫害防治：常见虫害有卷叶虫、小菜蛾、蚱蜢、斜纹夜蛾等，可用高效氯氰菊酯、阿维菌素等喷雾防治。

6. 适时采收

藤菜极早熟长采收栽培可从 3 月中下旬采收到 10 月底甚至 11 月初。一般定植后 30～40d，藤长 25～30cm 即可采收第 1 茬，每株应留 1～2 节。节数留得过多，嫩芽抽生量大，易造成藤苗纤细瘦弱；节数太少，嫩芽抽生慢，上市时间迟，前期产量低。采收 5～6 茬后，因留下较多较长的老节，应再次进行留节处理，每株留 1～2 个节，以提高产量。

四、注意事项

藤菜定植至生根发棵前应加强水分管理，保持土壤湿润是促进生根的关键所在。藤菜采收期长，养分管理要到位，否则产量和品质都会降低。

第九节　藤菜种苗大棚越冬轻简培育技术

一、概述

藤菜种苗大棚越冬轻简培育技术可因地制宜利用钢架大棚设施，在适宜的气候条件下，选择合适的地块，就地培育种苗，为极早熟栽培基地就近提供种苗，告别传统老藤秆“火窖子”催芽。

二、作用

藤菜在重庆地区的栽培面积广，种苗用量大，采用就近就地育苗所得的种苗新鲜健壮、活力强，定植成活率高，缓苗时间短，有助于缩短生根时间，实现提早上市，同时能有效节约运输成本。

三、具体技术

1. 地块选择

优选地势较高、干燥、排灌良好、向阳的地块，以肥沃的砂质或半砂半泥田做育苗地。

2. 设施准备

育苗设施参照藤菜极早熟长采收栽培的大棚建造。育苗大棚四周开挖深 50cm、宽 50cm 的排水沟，确保整个育苗期间排水良好，无涝害。

3. 整地开厢施底肥

7 月上中旬，对育苗田块进行翻耕整治，每亩施入腐熟有机肥 1 500kg 作底肥，翻耕时充分混匀、耙平。1.6m（包沟）开厢，厢面宽 1.5m，沟深 10～15cm。

4. 适时定植

育苗定植时间为立秋前后，选择当地藤菜健壮藤条作种苗。行距 1.5m，株距 20cm，每穴定植 2 株，定植在厢面中间。定植方法参照藤菜极早熟长采收栽培技术的定植要点。

5. 田间管理

（1）水肥管理。在整个育苗期间实行避雨栽培，减少浇水和灌溉，培育老炼藤苗，如遇极端高温，可适度浇水，保持土壤湿润，种苗成活即可，不宜充分灌溉。

（2）肥料管理。立冬前后开始至采收前喷施磷酸二氢钾 2～3 次，亩施 100g，稀释 200 倍液，促使藤条老化，增强冬季抗寒能力。

（3）温度管理。藤菜种苗在大棚越冬，冬季冻寒天气应加强保护，不可使藤菜苗受冻。冬季寒冷时节应闭棚，裙膜用泥土压实，用遮阳网覆盖在棚内藤菜苗表面，起到保温的作用，并可防止大棚膜滴水伤害藤菜叶片。

（4）翻藤。藤条长满厢面时，应及时将藤条向反方向牵引翻转，所有藤条翻转的方向保持一致，防止藤条生长过多的须根，增加采收难度。

（5）病虫害防治管理。参照前述藤菜极早熟长采收栽培技术的病虫害防治要点。

6. 采收

在立春前后采收种苗，分割长度为1m左右。

四、注意事项

培育藤菜种苗切记应选择地势较高、向阳的地块，并挖好排水沟，若地势低洼，排水不畅，则菜苗容易受涝，或藤菜种苗长势不够老炼，影响抗寒能力，不利于种苗顺利越冬。

第三章 蔬菜高效栽培模式

第一节　稻+菜轮作栽培模式

稻+菜轮作栽培模式，是在以种植水稻为主的地区，利用冬闲田合理轮作蔬菜，可实现水旱优势互补，增加收益。目前，重庆地区主要有水稻+青菜头、水稻+青菜（又称宽柄芥）、水稻+儿菜等轮作模式。

稻+菜轮作栽培模式的优势表现在：解决冬闲田闲置问题，实现农民增收，增加复种指数，提高土地利用率；土壤干湿交替，有利于杀死病虫害，减少农药、肥料使用量，节约生产成本，实现农业可持续发展；有利于改善土壤透气性，有利于有益生物繁殖，提高地力。

一、水稻+青菜头轮作栽培模式

1. 茬口安排

（1）水稻。生长发育期一般为3—8月。

（2）青菜头。9月上旬至中旬播种育苗，10月中下旬移栽，翌年1月底至2月中下旬采收。

2. 品种选择

青菜头可根据上市适期和用途选择不同的品种。早熟鲜食品种可选择“渝早园100”，加工品种可选择“永安小叶”“涪杂2

号”“涪杂 5 号”“涪优 203”等。

3. 青菜头栽培技术

（1）苗期管理。

播种：每亩苗床用种量为 350～400g。播前浇足底水，将种子分厢称量，与湿润草木灰（或细沙、育苗基质）拌匀后，多次、均匀撒播在厢面上。如遇晴天温度较高，应及时加盖遮阳网。

间苗：菜苗出现第 2 片真叶时进行第一次间苗，苗距保持 3～4cm；菜苗出现 3～4 片真叶时进行第二次间苗，苗距保持 6～8cm，去掉特大苗、杂苗、劣苗、病苗、弱苗。

施肥：一是苗床底肥，每亩施腐熟有机肥 500～1 000kg、复合肥 40～50kg。二是提苗肥，根据苗期长势施肥 1～2 次。幼苗出现 2～3 片真叶时，追肥 1 次，每亩用尿素 4～5kg。如底肥不足，幼苗长势较弱，幼苗出现第 4 片真叶时，再追肥 1 次，每亩用尿素 4～5kg。苗床期如遇干旱，应注意抗旱保苗，增加追肥次数，降低肥料浓度。

（2）田间管理。

定植：菜苗具 5～6 片真叶时定植，力争在 10～15d 内移栽完毕。每亩栽培 6 000 株左右，根据品种和定植时间的不同，亩栽植株数略有差异，早播宜稀、晚播宜密，肥土宜稀、瘦土宜密。

整地施底肥：根据地形和需要开厢，厢宽 1.33m，厢与厢之间的沟宽 20～30cm、深 15cm。每亩施腐熟有机肥 1 500kg、过磷酸钙 15～20kg、有机肥 50kg（总养分含量≥25%），随旋耕机深翻施入。

追肥：在移栽后 15～20d（幼苗成活至第 1 环叶形成前，瘤茎进入膨大前期）追肥，每亩用高氮型复合肥 25～40kg（总养分含量≥40%，氮含量≥20%）。瘤茎膨大中后期，根据菜苗长势及土壤情况，追肥 1～2 次，每亩用尿素 5～7kg。

中耕除草：在菜苗未封行前进行浅中耕。锄松表土、锄去杂草，但应注意不要使泥土壅住瘤茎。若土壤湿度过大、土壤板结，菜苗长势弱，应提前进行行间深中耕（15～20cm），再施提苗肥，提高菜苗长势。深中耕不要靠近菜苗，不要锄松菜苗。以后是否进行中耕除草，应根据田间杂草情况、土壤板结状况和菜苗长势而定。

（3）采收。菜株“冒顶”时收获为宜。过早收获，瘤茎未充分成熟，产量不高，影响菜农收入；过晚收获，瘤茎含水量增加，皮筋增厚增粗，营养物质降低，加工成菜率下降，品质变差。

（4）病虫害防治。

虫害防治：常见虫害有蚜虫、黄曲条跳甲、小菜蛾、菜青虫、蝼蛄、小地老虎、蜗牛、蛞蝓等。若出现蚜虫，可每亩挂30～34张黄板进行诱杀。化学防治可用吡虫啉或噻虫嗪，每隔7～10d施用1次；黄曲条跳甲、小菜蛾、菜青虫等可使用啶虫脒、高效氯氰菊酯或BT乳剂防治；对蝼蛄、小地老虎等地下害虫可用辛硫磷、敌百虫浇根；对蜗牛、蛞蝓等软体动物可用四聚乙醛防治。

病害防治：常见病害有根肿病、病毒病、霜霉病、软腐病等。对根肿病，在病株开始出现时，用石灰乳浇根或氟啶胺+基因活化剂灌根；对病毒病，可用几丁聚糖、氨基寡糖素或盐酸吗啉胍防治，同时要严防蚜虫传播病毒；对霜霉病，在发病初期用代森锰锌、烯酰吗啉或霜霉·精甲霜等防治；对软腐病，要加强虫害防治及田间排水，可用中生菌素、氢氧化铜或噻唑锌防治。

二、水稻+青菜轮作栽培模式

1. 茬口安排

（1）水稻。生长发育期一般为3—8月。

（2）青菜（宽柄芥）。9 月上中旬播种，10 月上中旬移栽，翌年 1 月下旬至 2 月上旬收获。

2. 品种选择

青菜可选择高产、抗病的优良地方品种，如海拔 800m 以上地区可选择“渝芥优 1 号”，海拔 800m 以下地区可选择“渝芥优 2 号”。

3. 青菜（宽柄芥）栽培技术

（1）苗期管理。

播种：每亩苗床用种量为 300～400g。播前浇足底水，将种子分厢称量，与湿润草木灰（或细沙、育苗基质）拌匀后，多次、均匀撒播在厢面上，并覆盖遮阳网。

间苗：菜苗出现第 2 片真叶时进行第一次间苗，苗距保持 3～4cm，防止出现高脚苗；菜苗出现 3 叶 1 心时进行第二次间苗并定苗，苗距保持 6～7cm，去掉特大苗、杂苗、劣苗、病苗、弱苗。

施肥：一是苗床底肥，每亩施腐熟有机肥 1 000～1 500kg、复合肥 40～50kg（总养分含量≥25%）。二是提苗肥，菜苗长出 3～4 片真叶时，追施 1 次尿素，每亩用量为 5～8kg。

（2）田间管理。

定植：菜苗具 5～6 片真叶时及时移栽，每亩栽培 3 000 株左右，根据品种的不同，栽培密度略有差异。定植后浇足定根水。

整地施底肥：根据地形和需要开厢，厢宽 1.33m，厢与厢之间的沟宽 20～25cm、深 15～20cm。每亩施腐熟有机肥1 500～2 000kg、复合肥 50kg（总养分含量≥25%），随旋耕机深翻施入。

追肥：定植后 20～25d，追肥 1 次，每亩用 50kg 高氮型缓控释肥（总养分含量≥40%，氮含量≥20%）；生长中后期根据菜苗长势追施 1～2 次尿素，每亩用量 5～10kg。

中耕除草：在菜苗未封行前，根据田间土壤板结情况及杂草情况进行浅中耕，锄松表土，锄去杂草。若土壤湿度过大、土壤板结，菜苗长势弱，应提前进行行间深中耕（15～20cm），再施提苗肥，提高菜苗长势。深中耕不要靠近菜苗，不要锄松菜苗。以后是否进行中耕除草，应根据田间杂草情况、土壤板结状况和菜苗长势而定。

（3）采收。菜株基部老叶开始发黄，节间出现明显拉长，菜株掰开2～3片心叶可见淡黄色花蕾，标志植株成熟，应及时采收。

（4）病虫害防治。

虫害防治：常见虫害有蚜虫、黄曲条跳甲、小菜蛾、菜青虫、蝼蛄、小地老虎、蜗牛、蛞蝓等。若出现蚜虫，可每亩挂30～34张黄板进行诱杀，化学防治可用吡虫啉或噻虫嗪，每隔7～10d施用1次；对黄曲条跳甲、小菜蛾、菜青虫等可使用啶虫脒、高效氯氰菊酯或BT乳剂防治；对蝼蛄、小地老虎等地下害虫可用辛硫磷、敌百虫浇根；对蜗牛、蛞蝓等软体动物可用四聚乙醛防治。

病害防治：常见病害有病毒病、霜霉病、软腐病、根肿病等。对病毒病，早期可用几丁聚糖、氨基寡糖素或盐酸吗啉胍防治，同时要严防蚜虫传播病毒；对霜霉病，在发病初期用代森锰锌、烯酰吗啉或霜霉·精甲霜等防治；对软腐病，要加强虫害防治及田间排水，可用中生菌素、氢氧化铜或噻唑锌防治；对根肿病，在病株开始出现时，用石灰乳浇根或氟啶胺＋基因活化剂灌根。

三、水稻＋儿菜轮作栽培模式

1. 茬口安排

（1）水稻。生长发育期一般为3—8月。

（2）儿菜。8月25日至9月5日播种，9月底定植，12月底至翌年1月采收。

2. 品种选择

儿菜可选择中早熟优质地方品种，如“渝星1号”“极早60”“临江儿菜”“玉翠”“丁家儿菜”“早富1号”。

3. 儿菜栽培技术

（1）苗期管理。重庆地区儿菜严禁在8月25日前或9月15日后播种，否则容易抽薹形成棒形，不长儿芽。

播种：每亩苗床用种量为400～450g。将种子与湿润草木灰（或细沙、育苗基质）拌匀后，多次、均匀撒播在厢面上，播种后覆盖薄层细沙，并覆盖遮阳网。

间苗：菜苗出现第2片真叶时进行第一次间苗，苗距保持3～4cm，防止出现高脚苗；菜苗出现3叶1心时进行第二次间苗并定苗，苗距保持6～7cm，去掉特大苗、杂苗、劣苗、病苗、弱苗。

施肥：一是苗床底肥，每亩施腐熟有机肥1 000～1 500kg、高氮型复合肥10kg（总养分含量≥40%，氮含量≥20%）。二是提苗肥，菜苗长到3～4片真叶时，追施1次尿素，每亩用量为5～6kg。

（2）田间管理。

定植：菜苗具5～6片真叶时及时移栽，每亩栽培1 800～2 000株，定植后浇足定根水。

整地施底肥：根据地形和需要开厢，厢宽1.33m，厢与厢之间的沟宽20～25cm、深20～30cm。每亩施腐熟有机肥1 000～1 500kg、复合肥25～50kg（总养分含量≥40%，氮含量≥20%）、过磷酸钙5～10kg，随旋耕机深翻施入。

追肥：定植成活后，用清淡粪水追肥1次；在儿菜腋芽膨大初期，每亩用复合肥10～15kg进行追肥，促进腋芽膨大。

浅耕除草：定植成活20d后，整个生育期内除草2～3次，注意不要伤根，要浅耕（2cm），切忌中耕除草。

控旺：儿菜定植成活后至立冬前，根据秧苗长势，如植株生长过旺，可喷施生长调节剂如甲哌鎓等控旺。

（3）采收。儿芽突出超过主茎顶端、完全无心叶时，即可采收。如需推迟采收或为晚熟品种，可将儿菜叶子弯折，盖住菜心，保护儿芽鲜嫩，防止儿芽变红，影响品质。

（4）病虫害防治。

虫害防治：常见虫害有蚜虫、黄曲条跳甲等。若出现蚜虫，可每亩挂30～34张黄板进行诱杀，化学防治可用吡虫啉或噻虫嗪，每隔7～10d施用1次；对黄曲条跳甲，可使用啶虫脒、高效氯氰菊酯或BT乳剂防治。

病害防治：常见病害有病毒病、霜霉病、软腐病等。对病毒病，可用几丁聚糖、氨基寡糖素或盐酸吗啉胍防治，同时要严防蚜虫传播病毒；对霜霉病，在发病初期用代森锰锌、烯酰吗啉或霜霉·精甲霜等防治；对软腐病，要加强虫害防治及田间排水，可用中生菌素、氢氧化铜或噻唑锌防治。

第二节　菌＋菜轮作栽培模式

轮作指在同一地块上有顺序地在季节间和年度间轮换种植不同作物或复种组合的种植方式。菌＋菜轮作栽培模式，即在同一地块上轮换种植食用菌和蔬菜。

菌＋菜轮作栽培模式的优势：菌＋菜轮作栽培模式中，食用菌采收后可免耕种植下一茬蔬菜，节省劳力。可有效利用蔬菜大棚或瓜菜棚架，覆盖遮阳网种植，最大限度地提高设施利用率，降低设施投入成本。食用菌栽培料是优质有机肥，就地还田还土，不仅可减少下一茬蔬菜种植的肥料投入，还可有效改善土壤容重，提高土壤肥力，增强土壤微生物群落及土壤酶活性，减轻土壤连作障碍，切实改善土壤质量。因此，菌＋菜轮作栽培模式可实现增产增收，实现耕地的可持续健康种植。

一、茬口安排

菌+菜轮作栽培模式应根据当地气候、市场选择合适的食用菌品种，根据不同品种确定栽培茬口。在重庆地区，食用菌可选择双孢蘑菇、大球盖菇、羊肚菌等地栽品种，与不同蔬菜品种进行轮换种植。考虑到劳动力、栽培技术轻简化程度、栽培料获取的难易程度及成本等因素，栽培大球盖菇是不错的选择。

1. 大球盖菇简介

大球盖菇又名红松茸、酒红色大球盖菇、皱环球盖菇，是联合国粮食及农业组织向发展中国家推荐栽培的食用菌之一。大球盖菇富含蛋白质、氨基酸和多种维生素，味清香，质地脆嫩爽滑、香味浓郁。

2. 种植大球盖菇的优势

大球盖菇抗杂能力强，可直接采用生料栽培，劳动强度低，技术要求不高；栽培原料多样，可就近利用稻草、谷壳、木屑、桑枝、玉米秸秆、竹屑等；抗逆性强，适应温度范围广，温度在15～28℃均能出菇，栽种区域广；栽培设施简易，可在大棚内栽培，也可在露地小拱棚内栽培；产量高，一般亩产量可达2 000～3 000kg；耐运输，销售方式灵活，可鲜销也可干制或盐渍储藏，适时销售。

在长江流域海拔600m以下区域，具体茬口可安排为：

（1）大球盖菇+茄子。10月初至10月底播种大球盖菇，12月上旬至翌年4月底采收。3月下旬异地育茄子苗，5月初免耕定植，6月下旬至9月底采收。

（2）大球盖菇+丝瓜。10月初至10月底播种大球盖菇，12月上旬至翌年4月底采收。3月下旬异地育丝瓜苗，5月初免耕定植，6月中下旬至9月底采收。

（3）大球盖菇+速生叶菜。10月初至10月底播种大球盖菇，12月上旬至翌年4月底采收。5月上旬撒播小白菜、油麦菜等，6月下旬至7月上旬采收，8—9月休耕晒土。

（4）大球盖菇＋菜用玉米。10月初至10月底播种大球盖菇，12月上旬至翌年4月底采收。3月底至4月初异地育菜用玉米苗，4月底至5月初定植，7月下旬采收，8—9月玉米秸秆还田，休耕晒土。

（5）大球盖菇＋豇豆。10月初至10月底播种大球盖菇，12月上旬至翌年4月底采收。5月初免耕播种豇豆，7—8月采收。

二、品种选择

大球盖菇可选择重庆市农业科学院研发的“大球盖菇1号”“大球盖菇6号”等品种。

蔬菜品种应选择耐热、抗逆性强的品种。丝瓜可选择“早帅D-1”“早帅D-2”“早帅D-3”系列及“春美1号”等皱皮品种；茄子可选择耐热性强、采收期长的品种，如“渝茄5号”；菜用玉米可选择生育期较短的品种，如“渝甜糯990”。

三、大球盖菇栽培技术

1. 选地与整地

选择交通便利、水源取用方便、喷水设施齐全、平坦整齐的地块。栽培地喷施溴氰菊酯或氯氰菊酯，撒石灰（50～75kg/亩）调整土壤pH，耕细整平土壤，起垄分厢，厢面宽80cm。整地后可闷棚或者暴晒15～30d。

2. 栽培料处理

（1）栽培料准备。每亩干料用量5t左右。可根据实际情况自行选择以下配方：

谷壳15%、木屑30%、玉米秸秆23%、稻草30%、石灰 2%。

稻草 98%、石灰 2%。

谷壳 18%、木屑 70%、牛粪 10%、石灰 2%。

谷壳 18%、玉米芯 80%、石灰 2%。

（2）栽培料预处理。玉米秸秆要碾破，玉米芯粉碎成颗粒。玉米秸秆、玉米芯、稻草、木屑要充分预湿，避免铺料接种后发热烧种。

（3）建堆发酵。播种前 7d，栽培料充分搅拌均匀，并按料水比 1∶1.2 调湿（65%左右），堆成 1.8m 宽、1.5m 高的料堆进行发酵。料堆较大时，每隔 50cm 左右打孔通气，通气孔深度为料堆高度。

3. 种植

（1）铺料。如果是用玉米芯、木屑和谷壳等细颗粒作材料，可将栽培料直接铺在厢面上。如果使用稻草或者玉米秸秆等较粗的材料，可先将稻草或者玉米秸秆一层一层铺在厢面上，然后用细料填满缝隙。

料层厚度 15～20cm，把厢面整理成龟背形。

（2）播种。

用种量：每亩地用种量为 150～200kg。

人员消毒：播种前，播种人员需用酒精对手部消毒；未消毒人员不得操作。

播种：将菌种掰成 1～2cm 大小，按梅花状每隔 10cm 点 1 穴。播种时不要将菌种遗落在厢面两边，要将菌种按进料床，让菌种充分接触栽培料。

（3）覆土。播种当天选择黏壤土进行覆土。土壤干湿度以“捏得扁、搓得圆、不沾手、落地即散”为原则，土块以 2～3cm 最合适；覆土厚度以 2～3cm 为宜。

露地栽培：覆土后在土面上铺一层稻草以保温、保湿、防晒。大棚应覆盖遮阳网，使菌种不受阳光晒伤。

（4）发菌管理（大棚种植）。加强水分调节，适时适量喷水，使空气湿度达 80%～85%，料温保持在 15～28℃。播种后前 20d 一般不喷水或少喷水，如菇床表面的土干燥发白，应适当喷水。进入 11 月，气温降低，可为厢面加一层小拱棚保温，但要注意通风换气。

可在每天 8:00 和 16:00 定时将温度计插入料床，观察料温，料温高于 30℃时敞棚通风；料温低于 20℃时盖膜保温；高温季节应及时给料床补水。

（5）出菇管理（大棚种植）。播种 50d 左右，菌丝变粗，有米粒大小的菇蕾，可以通过增加水分和调节温差来促进菇蕾的发生。此阶段气温控制在 10～25℃，空气湿度在 80%～95%。

喷出菇水：每次喷水 0.5kg/m^2，每天 1 次，连喷 3d。以花洒或喷灌直接喷在厢面上，大棚微喷灌时间以 20min 左右为宜。

喷水原则：诱导幼菇发生时，少量喷水、勤喷水；幼菇长大时，少量多次喷水，菇多多喷，菇大多喷，晴天风大多喷，阴天雨天少喷或不喷。头潮菇结束后要检查料中心的水分，如果偏干，可采用连续浇水的方式，让水浸入料中心。出菇期要大量补水，缺水容易造成空心、细柄和早开伞，水量较足的情况下获得一级菇的概率较大。

通风管理（大棚种植）：大棚种植大球盖菇，每天要掀棚通风，冬天在中午通风，春季可全天通风。通风时间长短根据天气情况和菇蕾多少灵活掌握。通风量太小、气温高，会长出细柄菇；通风量太大，菇蕾表面变干，菇蕾皱缩，出现死蕾。

4. 采收

（1）采收标准。大球盖菇菌盖鳞片褪去约 80%，未开伞，菌盖膜未破裂，菌盖呈钟形时即可采收。采收过早重量不足，采收过晚不利于存放。

整个生长期可采收 3～4 潮菇，每潮菇间隔约 10d。

（2）采收方法。用拇指、食指和中指抓住菇体下部，轻轻扭转，松动后向上拔起。避免松动周围的小菇蕾。

采过菇后，菌床上留下的洞口要及时补平，清除留在菌床上的残菇，以免腐烂后招引虫害而危害健康菇。

（3）采后处理。保留完整菇脚，去除菇脚上的泥土和栽培料，剔除病菇、虫伤菇。放入竹筐或塑料筐保存运输。鲜菇在0～5℃条件下可保鲜7d，储藏时间过长品质将下降；也可制成盐渍品或自然晒干、烘干，适时销售。

5. 病虫害防治

（1）病害防治。常见病害为鬼伞、木霉、黏菌。防治措施如下。

鬼伞：鬼伞常发生在菌丝生长不良的料床或者高温季节，栽培料要及时铺料播种，控制栽培料湿度，让菌丝尽快长满；控制菌棚内的温度；及时清理鬼伞，不要让孢子蔓延。

木霉：培养料的含水量控制在65%左右。菇棚内常通风，空气湿度控制在85%左右。

黏菌：黏菌常发生在高温季节。5月气温上升，菌丝活力变弱的时候容易暴发。合理安排播种时间，避免高温季节出菇；发现嫩黄色的黏菌时用消毒酒精打湿棉花，盖住黏菌。

（2）虫害防治。常见虫害有跳虫、蓟马、菇蚊、蛞蝓、鼠妇等。

防治措施：发酵场地和栽培场地用广谱性杀虫剂及杀螨剂提前防治。生产中，挂粘虫板防治菇蚊、蓟马；以糖1份、水10份和90%的敌敌畏2份混合诱杀跳虫；以生物农药苏云金杆菌防治跳虫和菇蚊幼虫；用四聚乙醛防治蛞蝓。

第三节　畜十沼十菜栽培（种养循环）模式

畜十沼十菜栽培模式即用养殖场产生的粪污进行沼气发酵，所产生的沼液用来灌溉蔬菜，既实现了养殖场粪污的无害化处理，又减少了蔬菜基地的化肥施用量，实现有机肥替代化肥。畜＋沼＋菜栽培模式一般分为猪＋沼＋菜栽培模式和牛＋沼＋菜栽培模式。

一、畜＋沼＋菜栽培蔬菜的优势

第一，施用沼液能够有效提高土壤有机质，改善土壤墒情，抑制土壤中病原菌生长。

第二，施用沼液能够有效替代或部分替代蔬菜基地化肥施用，有助于推进化肥减量增效。

二、技术要点

1. 沼液作为底肥使用

在种植前半个月，以条施的方式将沼液作为底肥施用，不用稀释，每亩用量 2 000kg，施肥后应以旋耕机深翻入土。在沼液施量足的情况下，可不使用化肥或少使用化肥。

2. 沼液用于高温闷棚

大棚四周起垄，垄高 20cm 左右，采用沼液漫灌的方式，以沼液面高出土层 2～3cm 为宜，确保土壤浇透，然后覆盖棚膜。为提高地温，也可在棚内每隔 1.5m 做畦，将四周土壤起高，高出畦面 10cm 左右，然后覆盖地膜；采用膜下灌沼液的方式灌透土壤，并使沼液面高出畦面 2～3cm，再覆盖棚膜。沼液既可以作为底肥使用，也可以提高地温，杀死病原菌及杂草。

3. 沼液作为叶面追肥使用

沼液用作叶面肥时，必须过滤，以防堵塞喷雾器；喷雾器密封性要好，以免溅、漏，弄脏身体。喷施时间为当日 10:00 以前或 15:00 以后。喷施幼嫩枝叶时，加 20％水稀释；喷施老叶可不稀释直接使用。

三、注意事项

第一，沼液不能与草木灰、石灰等碱性肥料混施，容易导致氮损失，降低肥效。

第二，沼液出池后不能马上使用，因为沼液的还原性较强，刚出池的沼肥如立即施用，就会与作物争夺土壤中的氧气，影响种子发芽和根系发育，导致作物叶片发黄、凋萎。因此，沼液出池后，应先在储粪池中堆沤 7d 再施用。

第三，沼液作为底肥使用时，建议采用条施的方式。长期使用沼液容易造成土壤板结，需要每半年对条施的沟渠进行大水冲淋 1 次。

第四节　大棚蔬菜套种栽培模式

大棚蔬菜套种栽培模式，就是利用钢架大棚的支架，将一种需要搭架的高架蔬菜与另一种不需要搭架的低矮蔬菜套种在一起。这两种不同的蔬菜具有不同的生育期，可最大限度地利用时间、空间，实现增产增收。

一、大棚春提早辣椒＋瓜类套种栽培模式

1. 茬口安排

（1）辣椒。9 月下旬播种育苗，10 月下旬至 11 月上中旬定植，翌年 4—5 月采收。

（2）丝瓜。1 月下旬至 2 月上旬播种育苗，3 月定植，5—10 月采收。

（3）苦瓜。2 月上旬播种育苗，3 月定植，5—10 月采收。

（4）小米冬瓜。2 月中下旬播种育苗，3 月中下旬至 4 月上

旬定植，5—10 月采收。

2. 品种选择

大棚春提早栽培辣椒可选用“湘研 902”“尊虎 6 号”“尊虎 96 号”“辣丰帅优”“润美 800”“雨润 808”等品种。

丝瓜选用“春美 1 号”“精品春使”“早帅”“新秀绿美”等品种。

苦瓜选用嫁接苦瓜或“帅丰”“翠玉”“美玉”“兴合 558”等品种。

小米冬瓜选用“玉丰”“绿翡翠”“绿博士 1 号”“绿博士 2 号”等品种。

3. 套种栽培技术

（1）辣椒套种栽培技术。

底肥：一般每亩施腐熟有机肥 1t 以上，复合肥 50kg。

定植：大棚两侧 1m 左右包沟开厢，中间 1.5m 包沟开 4 厢，8m 宽大棚内共开 6 厢。大棚两边单行定植，中间 4 厢双行定植，1 窝定植双株，退窝 50cm。采用黑白膜覆盖。具体技术内容参见第二章第六节。

（2）丝瓜、小米冬瓜套种栽培技术。

底肥：定植辣椒时底肥施足，丝瓜、小米冬瓜定植时辣椒正在生长期，无须整地，可采用窝施的方式，每亩施 50～60kg 复合肥。

定植：多采用在大棚两侧沿大棚方向间隔 1m、每窝定植 2 株的栽培方式，也可间隔 0.5m 定植 1 株。瓜苗成活后补充淡粪水。可覆盖地膜保温除草。丝瓜定植的具体技术内容参见第二章第七节。

（3）苦瓜套种栽培技术。

播种：一是播期。一般在 2 月上旬播种，宜采取苗床或营养钵育苗移栽的方式；嫁接苦瓜用丝瓜作嫁接砧木，嫁接砧木比苦瓜接穗提前播种 3～5d。二是种子处理。将种子放在 60～

70℃热水中浸泡10min，再用常温水浸泡1h，最后以30℃恒温催芽，80%露白后即可播种。三是播种。一般每亩用种量为800g左右，播后随即浇水，水渗透后，上撒1cm厚的细土，然后盖地膜。

苗期管理：一是温度。温度控制在25～28℃。白天温度控制在24～26℃，夜间温度控制在16～18℃。二是湿度。苗期湿度控制在60%～80%，在晴天的上午，根据干湿情况浇水。三是定植前管理。定植前7～10d，控制水分，降低温度来炼苗。苗长出3～4片真叶时定植。嫁接苗定植时接口一定要露出地面。

田间管理：一是施肥。苦瓜定植时辣椒正在生长期，无须整地，可采用窝施的方式，每亩施50～60kg复合肥。二是定植。在大棚两侧沿大棚方向间隔1m，每窝定植1株，瓜苗成活后补充淡粪水。可覆盖地膜保温除草。三是整枝打蔓。苦瓜分枝能力强，若任其生长会导致枝叶过分茂密，通风透光性差，易发生病虫害；苦瓜上架后，主蔓1.5m以下的侧枝应全部摘除，1.5m以上粗壮侧枝保留，疏除细弱枝。四是授粉。苦瓜属于雌雄异花植物，有条件的可采用人工授粉提高坐瓜率；授粉一般集中在9:00—11:00，授粉时将雄花的花粉接触到雌花的柱头即可。五是肥水管理。苦瓜连续坐瓜能力强，为促进生长，开始坐瓜时追施高钾有机肥15～20kg/亩；采收中后期根据菜苗长势追施1～2次高钾有机肥15～20kg/亩。六是中耕除草。苦瓜从苗期开始，即应及时进行中耕、除草和培土，以防土壤板结。一般在定植浇过缓苗水之后，待表土稍干不发黏时进行第一次中耕，如果遇大风或土壤过干旱，则可浇1次水后再中耕。若发现缺苗或弱病苗，要及时补栽。第二次中耕可在第一次中耕后10～15d进行，第二次中耕要注意保护新根，宜浅不宜深。每次中耕可结合追肥1次。瓜蔓伸长达50cm以上时，根系基本布满全行间，一般不宜再中耕，但要注意及时拔除杂草，防止野草丛生，以改善田间通风透光条件和减轻病虫危害。

采收：一般在瓜皮为鲜绿色、有光泽时采收，宜在上午进行。过早采收，果实未充分发育，产量低；迟采收，果实易老化；高温下瓜易变黄，品质差。结瓜盛期，要每天采摘 1 次，采摘时用剪刀，以免撕伤瓜蔓。

（4）病虫害防治。

病害防治：苦瓜常见的病害有霜霉病、炭疽病、枯萎病、疫病等。对霜霉病，可选用霜脲氰或氟菌·霜霉威防治；炭疽病多于中后期发生，应及时摘除残叶、烂叶、病叶来防治，还可用托布津或用百菌清可湿性粉剂于发病初期每天喷雾防治；对枯萎病，可采用嫁接的方式防治，还可选用甲基硫菌灵或络氨铜等灌根防治；对疫病，可选用霜脲氰、氟菌·霜霉威、烯酰·锰锌、恶霉灵等药剂喷雾防治。

虫害防治：苦瓜常见的虫害有蚜虫、菜青虫等。对蚜虫进行物理防治，可每亩挂 30～34 张黄板诱杀蚜虫；化学防治可用吡虫啉或噻虫嗪，每隔 7～10d 施用 1 次。对菜青虫进行化学防治，可用啶虫脒、高效氯氰菊酯或 BT 乳剂防治。

二、大棚叶菜＋瓜类套种栽培模式

1. 茬口安排

（1）叶菜类。12 月下旬至翌年 1 月撒播，3—5 月采收。

（2）丝瓜。1 月下旬至 2 月上旬播种育苗，3 月定植，5—10 月采收。

（3）苦瓜。2 月上旬播种育苗，3 月定植，5—9 月采收。

（4）小米冬瓜。2 月中下旬播种育苗，3 月中下旬至 4 月上旬定植，5—10 月采收。

2. 品种选择

叶菜类可选择上海青、水白菜、苋菜等，瓜类可选择丝瓜、苦瓜、小米冬瓜等。

上海青可选择“云南青花”“德高 T668”“矮脚王”等品种。水白菜可选择“渝研 2 号”“渝研 3 号”“贵忠 3 号”“兴合娇白”“春秋”等品种。苋菜可选用广东大红圆叶苋菜。

丝瓜可选用“春美 1 号”“精品春使”“早帅”“新秀绿美”等品种。苦瓜可选用嫁接苦瓜或“帅丰”“翠玉”“美玉”“兴合 558”等品种。小米冬瓜可选用“玉丰”“绿翡翠”“绿博士 1 号”“绿博士 2 号”等品种。

3. 套种栽培技术

（1）瓜类（丝瓜、小米冬瓜、苦瓜）套种栽培技术。

底肥：撒播叶菜种子时底肥施足，丝瓜、小米冬瓜、苦瓜定植时叶菜正在采收期，无须整地，可采用窝施的方式，每亩施 50～60kg 复合肥。

定植：丝瓜、小米冬瓜多采用每行间隔 1m、每窝定植 2 株的栽培方式，也可间隔 0.5m 定植 1 株；苦瓜间隔 1m，每窝定植 1 株。瓜苗成活后补充淡粪水。可覆盖地膜保温除草。

（2）苋菜栽培技术。

播种：一是整地。大棚两侧 1m 左右包沟开厢，中间 1.5m 包沟开 4 厢，8m 宽大棚内共开 6 厢。厢高 0.2m，苋菜种子细小，整地时要做到地平、土细，以利出苗。二是撒播。每亩用种量为 250～500g。种子用 3～4 倍体积的细沙或草木灰拌匀后，按行距 25cm 进行条播，均匀地撒在畦面，不用盖土，保持土壤湿润即可。播种时如气温低，应覆盖小拱棚。出苗后可适当揭棚，温度在 20℃以上可全部揭开。

田间管理：一是施底肥。叶菜类套种瓜类，底肥一定要施足，每亩施腐熟有机肥 1.5t、复合肥 50kg。二是追肥。在苗出齐后除草，并施 1%淡粪水提苗；苗高 10cm 时匀苗、补苗，并行浅耕、追肥 1 次；每亩追施复合肥 50kg，开沟浅埋，宜结合灌水施肥。保持土壤湿润，雨季要及时排水，以防渍害烂根。三是摘心。为了防止植株过高，可进行摘心修剪，促进侧枝萌发和分枝生长。

采收：苗高15～20cm、有8～10片叶时可陆续采收。采收要及时，否则纤维增多，品质降低。因苋菜种植时气温较低，生长缓慢，一般4月才能采收。采收时要掌握“收大留小、留苗均匀”的原则，以增加后期产量。

病虫害防治：苋菜白锈病采用甲霜铜或杀毒矾防治；蚜虫采用黄板诱杀或吡虫啉、噻虫嗪防治。

（3）上海青（飘儿白）栽培技术。

播种：一是整地。大棚两侧1m左右包沟开厢，中间1.5m包沟开4厢，8m宽大棚内共开6厢，高0.2m，厢面土要整细、均匀、平整，有利于种子发芽；播种前7～10d用多菌灵为土壤消毒。二是撒播。每亩用种量200g。撒播后喷灌，畦面要喷透。播种时如气温低，应覆盖薄膜，幼苗出土后揭去。

田间管理：一是施底肥。每亩施腐熟有机肥1.5t以上、复合肥50kg。二是间苗。2叶1心到3叶1心时可间苗；株间距10～15cm。三是追肥。追肥分别在4叶1心、6叶1心、8叶1心时进行，每亩撒施7.5kg复合肥；施肥后抽水灌溉，以免肥料落在叶上，导致烧苗。

采收：10叶1心时就可采收。采收前1d停止喷水，利于长途运输。

（4）病虫害防治。上海青霜霉病采用烯酰吗啉、霜霉·精甲霜或霜霉威＋代森锰锌防治；软腐病采用中生菌素、氢氧化铜或可杀得＋丙森锌等防治；叶斑病采用苯醚甲环唑或苯甲·嘧菌酯等防治。蚜虫采用黄板诱杀或吡虫啉、噻虫嗪防治；小菜蛾、菜青虫、甘蓝夜蛾、斜纹夜蛾选用阿维菌素、甲维盐或灭幼脲等防治；斑潜蝇选用阿维菌素、灭蝇胺等防治；黄曲条跳甲采用哒螨·噻虫胺或啶虫脒等防治。

三、大棚番茄＋丝瓜免耕套作栽培

1. 茬口安排

（1）番茄。11 月上旬至 12 月上旬播种育苗，翌年 2 月定植，5—8 月采收。

（2）丝瓜。5 月播种育苗，5 月底至 6 月初定植，7—10 月采收。

2. 品种选择

番茄可选择“极品红冠”“渝番 718”等品种。丝瓜可选择“精品春使”系列和“新秀绿美”“春润”等品种。

3. 番茄＋丝瓜栽培技术

（1）番茄栽培要点。翻耕前，一般每亩施腐熟有机肥 1.5t 以上，以及复合肥 50kg、生物菌肥 50kg、中量及微量元素肥 25kg。

定植宜在晴天进行。大棚内 2m 开厢，每厢种植 2 行，8m 大棚内开 4 厢，株距 50cm 左右。每亩定植 1 300 株左右。

（2）丝瓜栽培要点。丝瓜定植时番茄正在采收，可不必整地施肥。定植在两株番茄之间，株行距 2m×2m，亩定植 150～160 株。瓜苗成活后补充淡粪水。具体技术内容参见第二章第七节。

第五节　蔬菜一年三熟栽培模式

蔬菜一年三熟栽培模式是在同一块土地上，1 年之内合理安排种植品种，实现收获 3 季，保障蔬菜产量和效益。

一、茄果类＋速生叶菜＋速生叶菜栽培模式

1. 茬口安排

（1）番茄。11 月中下旬开始播种育苗，翌年 1—2 月大棚内定植，4—6 月采收。

（2）茄子。10月中下旬播种育苗，翌年2—3月上旬定植，4—6月采收。

（3）辣椒。10月中下旬播种育苗，翌年2月下旬至3月上旬定植，4月下旬至6月采收。

7月休耕期可利用夏季高温炕土。

速生叶菜于8—12月在茄果类采收后可种植两季。

2. 品种选择

茄子选用可嫁接的品种或“春秋长茄”“黑美人”“黑先锋”“墨茄”等品种。

番茄可选用“渝番718”“渝番717”“红利”“极品红冠”等品种。

辣椒可选用“湘研902”“尊虎6号”“辣丰帅优”等品种。

上海青可选用“云南青花”“德高T668”“矮脚王”等品种。

水白菜可选用“渝研2号”“渝研3号”“贵忠3号”“兴合娇白”“春秋”等品种。

苋菜可选用广东大红圆叶苋菜。

小白菜可选用“春芽”等品种。

二、瓜类＋速生叶菜＋速生叶菜栽培模式

1. 茬口安排

（1）黄瓜。1月上中旬播种育苗，2月大棚定植，4月初至5月底采收。

（2）丝瓜。1月下旬播种育苗，2月下旬定植，4月底至8月上中旬采收。

（3）苦瓜。2月上旬播种育苗，3月定植，5月至8月上中旬采收。

黄瓜采收后在休耕期可利用夏季高温炕土。

丝瓜、苦瓜采收期长，但后期、瓜形差、价格低、产量低，

可提前收获后整地，种植速生叶菜。

速生叶菜于8—12月在瓜类采收后种植2季。

2. 品种选择

黄瓜可选用“蔬研白绿”“极早多”“精品极早美”等早熟、挂果能力强的系列品种。

丝瓜可选用“春美1号”“精品春使”“早帅”“新秀绿美”等品种。

苦瓜选用可嫁接品种或“帅丰”“翠玉”“美玉”“兴合558”等品种。

速生叶菜可选择上海青、水白菜、小白菜等。

三、豆类+速生叶菜+速生叶菜栽培模式

1. 茬口安排

（1）豇豆。2月温床播种育苗，3月底定植，5—7月上旬采收。

（2）四季豆。2月中旬温床播种育苗，3月上旬定植，5—6月采收。

夏季7月休耕期可利用高温炕土，于8—12月种植两季速生叶菜。

2. 品种选择

豆类主要为四季豆、豇豆等。四季豆可选用“精品红玉”“满江红”等早熟品种。豇豆可选用“美玉”“江山美人”等品种。

速生叶菜可选择上海青、水白菜、小白菜等。

3. 豇豆栽培技术

（1）播种育苗。育苗移栽不仅能提早播种，而且出苗整齐。育苗移栽结合地膜覆盖，可使豇豆上市时间提前15d左右。早熟豇豆于2月温床播种育苗。

豇豆播种前一般不催芽，将种子直接撒播于苗床或播于营养钵内，盖一薄层细土，然后浇水，并盖上小拱棚。幼苗出土前一般不揭棚，以保持床温，经 5～6d，幼苗便可出土。幼苗在苗床内生长 6～7d 就可移栽。

（2）定植。豇豆忌连作，选择未种过豆科作物的地块栽培。每窝定植 2～3 株，退窝 0.35～0.4m，每亩 2 000～2 400 窝。

豇豆根系发达，主根入土深，须根分布于 10～15cm 的表土层，吸收肥的能力强。早熟栽培选择向阳、肥沃、疏松、保水保肥能力强、排水良好的砂壤土为宜。这种土壤早春土温回升快，利于根系生长，可达到豇豆早熟的目的。

（3）整地施肥。播种前应深翻炕土、整地，以利豇豆根系生长。每亩施有机肥 0.5～0.6t、复合肥 25kg、生物菌肥 100kg、硅钙镁肥 50kg，结合整地施入底肥。根据地形采用 1.7～1.8m 包沟开厢，每厢种植 2 行，覆盖地膜提高地温以实现早熟。

（4）追肥管理。豇豆在开花结荚之前，需肥量不高。如施肥过多，藤蔓枝叶生长过旺，开花结荚节位升高，花序减少。植株进入开花结荚盛期后，需肥量增大，可在开花结荚盛期追施复合肥 1 次，每亩用量 50kg。后期根据菜苗长势追肥 1 次。

结合追肥，进行中耕除草 2～3 次，上架前的最后一次中耕应垒厢培土。

（5）搭架整枝。豇豆是藤蔓作物，需搭架。采用人字架，有利于通风透光，提高豇豆产量。

搭架应在藤蔓未相互缠绕前及时进行。豇豆藤蔓为左旋性伸长，引蔓上架要从左边向架上缠绕。

主蔓第一花序以下各节的侧芽应一律打掉，促尽早开花。前期应注意及时将花芽旁边的叶芽摘除，促进花芽生长。若无花芽而只有叶芽萌发，则只留 3～4 节摘心，侧枝上即可形成一穗花序。肥水条件充足，植株生长旺盛的蔓茎，侧枝摘心不要过重，以便形成更多的花序。主蔓达 2m 以上时，应及时打顶摘心，控制生长，促进花序上的副花芽形成，以减少养分消耗，也利果荚生长。

（6）采收。豇豆豆荚从开花到生理成熟需 15～23d，鲜豆荚在谢花后 9～13d 采摘为宜。一般 2～3d 采收 1 次，盛期应每天采收。

（7）病虫害防治。

病害防治：豇豆主要病害为锈病、煤霉病、炭疽病等。锈病采用粉锈灵、苯甲·丙环唑或萎锈灵防治；煤霉病采用腐霉利、施佳乐、拿敌稳或硫菌灵防治；炭疽病采用百菌清、苯醚甲环唑或甲基硫菌灵等防治。

虫害防治：豇豆虫害主要有豇豆荚螟、蚜虫等。豇豆荚螟防治的关键在于对花的防治，采用氯虫苯甲酰胺或四唑虫酰胺，喷施花蕾、花、嫩荚和落地花蕾，目的是及早消灭 1 龄幼虫，防止扩散。在花朵尚未闭合的时间段（7:00—10:00）施药效果最佳，此时施药可有效杀死蛀入花内的幼虫。

第六节 蔬菜一年两熟栽培模式

蔬菜一年两熟栽培模式是在同一块土地上，1 年内合理安排种植品种，实现收获 2 季，保障蔬菜产量和效益。

一、茄果类＋甘蓝类（莲白、花菜）栽培模式

1. 茬口安排

番茄 2 月定植，辣椒 2 月下旬至 3 月上旬定植，茄子 3 月上旬定植；4 月下旬至 6 月采收茄果类蔬菜。7 月至 8 月初育甘蓝类苗，9 月定植；11 月至翌年 1 月采收。10 月至翌年 1 月育茄果类苗。

2. 品种选择

茄子选择可嫁接、耐热性强的品种，如“渝茄 5 号”；番茄可选用抗病性强的“渝番 718”“渝番 717”“渝番 421”，以及

“极品红冠”“红帅”等品种；辣椒可选用鲜食辣椒品种“苏椒902”“辣优帅丰”“渝椒13”等。甘蓝可选用秋甘蓝“秋实1号”、秋冬甘蓝“秋实4号”“西园4号”及松花菜“美青松80天”等品种。

二、萝卜+菜用玉米栽培模式

1. 茬口安排

萝卜8—10月分批次播种，12月至翌年2月分批采收。1—2月菜用玉米温床育苗，2月下旬至3月初定植，5月底至6月中下旬采收。7月翻耕晒土，对土壤进行消毒调理等。

2. 品种选择

圆白萝卜可选用早熟、耐热性好的品种，如抗根肿病的“秋雪1号”，不易糠心的“秋雪2号”，膨大速度快的“秋雪13”，以及直立、丰产、口感甜脆的“卓豪圆宝”等。长白萝卜可选用“迎秋”“迎冬2号”“秋宝”等品种。

菜用玉米可选用“渝甜糯990”“农科玉336”“京科糯768”“万糯2000”等品种。

三、瓜类（丝瓜、黄瓜、西葫芦等）+芹菜栽培模式

1. 茬口安排

黄瓜1月上中旬播种育苗，2月大棚定植，4月初至5月底采收。西葫芦1月底至2月初播种育苗，2月底至3月初定植，4月中旬至6月上旬采收。丝瓜1月中旬至2月中旬温床育苗，2月中旬至3月上中旬大棚或地膜覆盖栽培，4月底至9月底采收。芹菜从6月下旬至8月下旬陆续分批次播种，9月中旬至10月中旬定植，12月底至翌年3月底采收。

2. 品种选择

丝瓜可选择“早帅 D－1”“早帅 D－2”“早帅 D－3”“春美1号”“春帅”“春丰”等耐热、硬度好、皱纹深的品种；黄瓜可选“蔬研白绿”“极早多”等早熟、连续挂果能力强的白绿色品种；西葫芦可选“黑妮”“翠玉”等品种；芹菜可选“阿姆斯特丹”“达芬奇”“百利”等品种。

第七节　其他栽培模式

一、鱼菜共生栽培模式

1. 概念

鱼菜共生栽培就是把水产养殖与水培蔬菜相结合，实现养鱼不换水而无水质忧患，种菜不施肥而正常成长的生态共生效应。

2. 栽培技术

（1）品种。适用于鱼菜共生栽培模式的蔬菜主要有空心菜、水芹菜等。

（2）栽植。首次栽植时将提前育好的空心菜、水芹菜苗移栽到浮床上。以后可直接用鱼菜共生栽培模式中的空心菜、水芹菜繁殖。

（3）设备。采用浮床栽培。浮床可用 PVC 管搭配密网制作或是用 XPS 挤塑板制作，将空心菜、水芹菜等种植在上面，浮床比例设置为不超过鱼塘面积的 30％。

（4）管理。为保证鱼类安全，病虫害防治用药需谨慎。可采用高能净化器对水体进行除菌、充氧，确保水体安全。目前鱼菜共生栽培模式中的蔬菜不易染病，鱼类的排泄物可以为蔬菜提供养分，故整个蔬菜生育期不用药、不施肥。

（5）采收。浮床设置绳索连接至岸边，采收时利用绳索将浮床拉到岸边，采收后及时将浮床放回原处。水芹菜、空心菜都可反复多次采收。

3. 优缺点

（1）优点。水产养殖中，随着鱼的排泄物积累，水体的氨、氮含量增加，毒性逐步增大。利用微生物对水体中的养分进行分解，分解后的营养物质被蔬菜吸收利用，有效解决了水体污染问题，实现了动物、微生物、植物生态平衡。

（2）缺点。一是鱼菜共生栽培模式中有鱼存在，所以蔬菜生长过程中的病虫害防治必须谨慎，管理不当会危害鱼类；二是适合鱼菜共生周年生长的蔬菜种类少，适合鱼菜共生的、经济价值高的蔬菜品种缺乏。

二、弥雾（气雾）栽培模式

1. 概念

弥雾（气雾）栽培模式就是利用支架使植物根系生长在密闭、避光的空间，营养液经过喷头雾化呈雾状，间歇性均匀地喷在植物根系，从而提供植物生长所需的水分和养分，属于无土栽培模式。

2. 栽培技术

（1）蔬菜种类选择。弥雾（气雾）栽培模式适合绝大部分蔬菜，尤其适合叶菜类。

（2）育苗。可采用专门的育苗盘进行蔬菜育苗。将海绵育苗盘放置在支架上，根据作物不同，在海绵上等距离剪出“十”字形缝，将种子点播于“十”字形海绵缝中。叶菜育苗缝隙间距为2cm。每天浇水1次，2片子叶长出后改浇1/3浓度的全营养液，长出2叶1心时即可移栽。

（3）移栽。弥雾（气雾）栽培的移栽较为简单，没有土壤移栽的整地、施底肥、挖穴、覆土、填埋等操作，只需把秧苗插入定植孔，用海绵进行填充固定即可。

（4）栽培设施。

苗床式：在平地上修建宽1.2m、高0.6m、长15～20m的砖砌水泥苗床，床底稍微带斜坡且不渗漏水，上面铺泡沫板，在板上按照栽培密度打孔移栽。

金字塔式：选择厚0.05m、宽1m、长2m的泡沫板搭成金字塔形，在板上按照栽培密度打孔移栽。

管道式：利用PVC管栽培，根据栽培品种不同，在管上打孔移栽。

（5）管理。弥雾（气雾）栽培需根据不同作物生长需求选用不同配比的营养液。

（6）采收。弥雾（气雾）栽培的采收与普通蔬菜栽培采收的不同之处在于，前者可以带根采收，延长保鲜期。

（7）病虫害防治。弥雾（气雾）栽培蔬菜的病虫害防治与普通蔬菜区别不大。不同的是，弥雾（气雾）栽培可有效防止土传病害的发生，减少农药使用量。

3. 优缺点

（1）优点。蔬菜根部的氧气供应十分充足，几乎不会出现因根系缺氧而生长不良的现象。养分利用率高、吸收快。节水节肥，空间利用率高，易实现自动化栽培管理。

（2）缺点。设备投资大，对设备质量要求高，喷头等设施容易出现堵塞、喷雾不均匀等情况。对营养液的浓度和组成成分要求高，管理难度大。在停电的情况下，设备不能正常运转，易对植物造成伤害。

第四章
合川区特色蔬菜产品

第一节　青草坝萝卜

一、概述

青草坝萝卜为重庆市合川区特产，农产品地理标志保护产品。青草坝萝卜细颈、大肚、独根，形似砂罐，俗称“砂罐萝卜”；其皮薄色红，肉白味甜，质地脆嫩，深受消费者喜爱，在国内具有较高的知名度。青草坝萝卜栽培历史悠久，适宜鲜食、加工，承载着浓厚的农耕文化，以其为原料加工而成的青草坝萝卜卷经百年传承，传统手工技艺于2011年被列入重庆市级非物质文化遗产项目名录。2013年，青草坝萝卜获得农产品地理标志保护。青草坝萝卜常年栽培面积1 000余亩，年产量5 000t，产值1 000万元以上，有集生产、加工、销售于一体的股份合作社2家，是合川区龙市镇青坝村农户的主要经济收入来源。

二、独特的品质

青草坝萝卜近圆形，形似砂罐；皮为胭脂红色，肉为象牙白，切面光滑细腻；生食微甜、嫩脆、清香、无辣味，熟食微甜、化渣、爽口，生食、熟食和加工皆宜。青草坝萝卜维生素C含量为15.0～20.5mg/100g，硒含量为0.010 0～0.015 4 mg/kg，钾含量为 260.0～330.0mg/100g。

三、独特的产地环境

萝卜对氮、磷、钾的需求比例为 2∶1∶3，对土壤酸碱度的适应范围较广，在 pH 5～8 的土壤中均能良好生长，以 pH 6～7 为最适宜。青草坝萝卜种植区位于合川区龙市镇青坝村，海拔 200～250m，地处渠江边一、二级阶地，地势平坦，土壤以潮土、冲积土为主，矿物质丰富，土层深厚、疏松、排水良好，土壤酸碱度适中，有机质含量高，碱解氮、有效磷、速效钾含量适中，土壤 pH 5.2～8.2；土壤中含有机质 11.2～19.1g/kg、碱解氮 34.2～92.8mg/kg、有效磷 16～34mg/kg、速效钾 47～58mg/kg，能够充分满足青草坝萝卜生长所需肥力及微量元素。萝卜为半耐寒性蔬菜，喜温和凉爽，适宜温差较大的气候。青草坝萝卜产地属典型的亚热带湿润季风气候，青草坝萝卜生长期间≥10℃的有效积温达 5 364℃，肉质根生长期间，产地气候温和，很少有气温≤－2℃的低温冻寒天气，昼夜温差大，夜间土壤回暖较快，常年气温为 11.0℃，非常适宜青草坝萝卜的生长。萝卜不耐旱，要求充足而均匀的水分，适宜肉质根生长的土壤含水量为 65%～80%，空气相对湿度为 80%～90%。青草坝萝卜产地雨量充沛，年均降水量 1 121.4mm，年平均相对湿度 83%；土壤为冲积土，夜间吸水返潮能力强，为青草坝萝卜的生长提供了良好的环境条件，使萝卜肉质根水分充足，多汁可口。

四、独特的人文因素

得益于青草坝得天独厚的自然优势，当地人对青草坝萝卜情有独钟，种植历史可追溯至乾隆四十一年（1776 年），可谓世代种植，生生不息。民国时期，青草坝对岸石龙场上的李九成，将青草坝萝卜收购运输到周边贩卖，使青草坝萝卜成为畅销商品；重庆作为陪都时，蒋介石曾点名要吃渠江青草坝的萝卜和萝卜卷，使青草坝萝卜声名大振。20 世纪六七十年代，青草坝萝卜产量达到 2 000t/年。20 世纪 90 年代初、2016—2018 年，合川区蔬菜站[①]先后两次对青草坝萝卜进行提纯复壮；2011 年，以青草坝萝卜为原料制作的萝卜卷传统手工技艺被列入重庆市级非物质文化遗产项目名录。2012 年，成立农民专业合作社；2013 年，青草坝萝卜登记为农产品地理标志；2017 年，编制和发布地方标准《无公害食品　青草坝萝卜生产技术规程》（DB 500117/T 9—2017）；2020 年，青草坝萝卜入选全国名特优新农产品名录。近年来，青草坝萝卜在中央电视台《源味中国》纪录片、《重庆老手艺》百集纪录片、中央电视台微信公众号等作品和平台中得到专题宣传展示，线下积极参加各级农产品展示展销活动，入驻重庆主城大型超市及酒店特产销售专区，深受市场欢迎。人们赞誉“青草坝的萝卜煮腊肉，不放油盐都好吃”“青草坝，萝卜大，不放油盐吃得下”“青草坝，立冬萝卜小人参”。

五、独特的生产方式

1. 品种选择

选用重庆市合川区蔬菜发展指导站提纯复壮的青草坝萝卜种子或当地农户自留的、符合青草坝萝卜产品标准的种子。

2. 地块选择

前茬作物以瓜类、豆类等蔬菜为宜，避免与十字花科蔬菜连作。

---

① 2007 年前该单位全称为重庆市合川市蔬菜技术指导站，2007—2020 年为重庆市合川区蔬菜技术指导站，2020 年后为重庆市合川区蔬菜发展指导站。

3. 生产控制

（1）整地开厢施底肥。前茬作物收获后及时整地，深耕炕土，深耕 25cm 以上。施足底肥，每亩施腐熟农家肥 4 000～5 000kg、磷酸二氢铵 10kg、硫酸钾 3～5kg，有机肥用量不足的应每亩增施硼肥 1kg。肥土混匀，打碎、耙平，做厢，2m 开厢，沟深 15 ～20cm。

（2）播种。播种适期为 9 月中旬至 10 月上旬。提早播种会影响萝卜品质，延迟播种则产量及效益均不理想。每亩用种量为 100～200g，采用穴播，每穴 2 ～3 粒。为避免地下害虫危害，可用吡虫啉种衣剂拌种后播种。每厢播 5 行，每亩种植 5 000～6 500株，种植密度为行距 35～40cm、株距 25～30cm，播后淋清粪水，再以细土覆盖。

（3）田间管理。

间苗定苗：萝卜间苗的原则是“早间苗、晚定苗”。幼苗长出 2～3 片真叶时第一次间苗，每窝留 2 株；长出 5～6 片真叶时第二次间苗，每窝留 1 株。

中耕除草：间苗的同时可中耕除草，生长期除草 2～3 次，封行前进行最后一次中耕并培土。

水分管理：浇水量根据作物的生育期、降水量、温度、土质、地下水位、空气和土壤湿度而定。青草坝萝卜种植区域位于冲积河坝，土壤含水量高，返潮快，排涝快，一般正常气候年份无须人工浇水。若遭遇特殊持续秋旱气候，为保证青草坝萝卜品质和口感，可在肉质根膨大盛期，以稀薄清粪水浇灌，使土壤有效含水量在 70%～80%，见干见湿，收获前 5～7d 停止浇水。

追肥：青草坝萝卜生长过程中以施腐熟农家肥为主。封行后视萝卜长势决定是否追肥，如长势欠佳，可适度补充 1 次叶面肥。采收前 10d 不再施肥。

（4）病虫害防治。青草坝萝卜极少发生病虫害，几乎不施用农药。偶见蚜虫、黄曲条跳甲，交替使用吡虫啉、抗蚜威、高效氯氰菊酯、氰戊菊酯、啶虫脒等药剂防治。

4. 采收

青草坝萝卜生长周期达100～120d，肉质根充分膨大成熟后应及时采收，过早采收影响产量，过晚采收易导致萝卜空心影响质量。

六、推荐储藏保鲜和食用方法

1. 收获时间

收获时间为11月至翌年2月初，最佳品质期为12月至翌年1月。

2. 储藏保鲜方法

用保鲜膜包好冷藏能保鲜15d左右；晾晒制成萝卜干、萝卜卷，在阴凉干燥处可长时间保存。

3. 食用方法

直接鲜食、切丝凉拌、炖汤，泡酸萝卜、糖水萝卜，制萝卜卷、萝卜干可炒回锅肉等。

第二节　合川湖皱丝瓜

一、概述

合川湖皱丝瓜，别名胖头丝瓜、合州丝瓜、合川丝瓜、牛皮皱等，重庆市合川区特产，是农产品地理标志保护产品，获批地理标志证明商标。保护面积1 334公顷，年产量50 000t。晚熟品种，抗高温伏旱能力强，耐储性佳，在全国具有较强知名度。先后入选《重庆蔬菜品种志》《四川蔬菜品种志》《中国蔬菜品种资源目录》，并编入部分农业院校教科书中。合川湖皱丝瓜是优秀的种质资源，是杂交皱皮丝瓜的始祖，同时重庆市合川区也是全国丝瓜育种规模较大的基地。2017 年，合川湖皱丝瓜种质资源交重庆市农业委员会，现由重庆市农业科学院保存。

二、独特的品质

合川湖皱丝瓜果实呈长圆筒形，表皮有深绿色条纹，密生白色短茸毛并有皱褶；单嫩瓜重 300～500g，长 25～30cm，横径 4～5cm，横截面近圆形。果肉白色，种子少，易去皮，质地致密、嫩脆，口感细腻化渣，清香、微甜。硬度高，不易老化，耐储运。硬度≥7.6kg/cm²，可溶性糖含量≥3.0%，蛋白质含量≥0.21%，粗纤维含量≤7.6%。

三、独特的产地环境

合川湖皱丝瓜种植区地处嘉陵江、渠江、涪江三江沿岸与浅丘区域，土壤多为沙溪庙组母质发育而成，以紫色土、黄壤、潮土为主，土壤 pH 5.0～8.0，土壤有机质含量 13.0%～35.4%，土壤母质组成复杂，土质肥沃，矿质养分较丰富。种植区地理坐标为东经 105°58′37″—106°40″37″、北纬 29°51″02″—30°22″24″，属典型亚热带湿润季风气候，年降水量 1 100～1 400mm，年均日照 1 316h，年均气温 18℃，无霜期 331d；夏热冬暖，春长秋短，暖季光照多，日照充足，具有种植优良丝瓜品种的天然优势。

四、独特的人文因素

合川丝瓜栽培始于明万历年间（1573—1620 年），栽培历史近 500 年。合川湖皱丝瓜是合川丝瓜最具代表性的品种，于

20世纪六七十年代大面积种植，名冠川渝，是优质的丝瓜种质资源，现代良种杂交丝瓜的“始祖”。合川区是全国最大的丝瓜育种基地，重庆市农业科学院、重庆市合川区丝瓜蔬菜研究所、重庆市益农农业有限公司等育种单位以合川湖皱丝瓜为母本，先后培育出“虎霸”“春使”“早帅”系列及“春美1号”等丝瓜良种，并推广种植。重庆市合川区丝瓜蔬菜研究所不断对合川湖皱丝瓜进行杂交优化，已培育出3代“春使”系列良种。太和镇长流坝农民长期规模种植合川湖皱丝瓜，并集成了育种技术，使合川湖皱丝瓜种子畅销重庆各地。2012年，注册为地理标志证明商标；2014年，合川湖皱丝瓜登记为农产品地理标志。2017年，编制和发布地方标准《无公害食品 合川湖皱丝瓜生产技术规程》（DB 500117/T 10—2017），同年，其种质资源交重庆市农业委员会，现由重庆市农业科学院保存。

五、独特的生产方式

1. 品种选择

合川区当地特产的合川湖皱丝瓜地方品种或以合川湖皱丝瓜为亲本的杂交良种，如“早帅”系列、“春美1号”等。

2. 选地

宜选择排灌方便、土层深厚、有机质含量丰富、保水保肥能力强的砂壤土、壤土、黏壤土，避免与瓜类连作。

3. 生产控制

（1）整地开厢施底肥。定植前7～10d，早熟栽培1.33m开厢，普通栽培2m开厢，以深沟高厢栽培，整地时每亩施腐熟有机肥1 000kg、饼肥100kg、复合肥50kg（氮∶磷∶钾为15∶5∶25）。

（2）播种育苗。早熟栽培于1月中旬至2月上旬进行，利用电热温床育苗。每亩用种量 300g。露地栽培于 2 月下旬至 3 月上旬进行，利用小拱棚保温育苗，每亩用种量 200g。用温热水浸种，保持水温在 50～55℃约 20min，然后不断搅拌，使水温降至 30℃以下；洗净种子，在清水中浸泡 24h 捞出催芽；用营养钵或穴盘育苗，基质内拌入苗强壮 50g/亩，以培育壮苗，播种后，覆盖约 0.5cm 厚的石谷子或基质，浇透水，盖上地膜保温保湿；保持白天温度在 28～30℃，夜间在 18～20℃。种子破土后，适当通风透气、排湿、降温、通风。

（3）适时定植。适宜定植期为气温稳定在 10℃以上，苗龄 35～40d，有 4～5 片真叶时。早熟栽培于 2 月中下旬至 3 月上旬定植，露地栽培于 3 月下旬至 4 月上旬定植。定植前 7～10d 炼苗。早熟栽培亩栽2 000株左右，双行单株或单行双株栽培；露地栽培亩栽 550～650 株，单行双株。定植时向每穴施入腐熟有机肥、根茎康菌剂混合物，以促植株健壮。根茎康每亩用量为 1kg。浇足定根水，封好定植穴。

（4）田间管理。

搭架整枝：早熟栽培双行单株，一般搭“人”字架，单行双株搭平架，或利用大棚架作支架；普通栽培搭平架，丝瓜有 5 片真叶时引蔓上架。从 7～8 片叶开始留瓜，主蔓有 2～3 个幼瓜时摘心，留顶部 1 个强壮侧芽。第一批瓜采收后落蔓，留 1 条健壮侧蔓，引侧蔓上架，侧蔓又产生雌花坐果时，仍留 2～3 瓜摘心，依次类推，可促进前期瓜的迅速生长、膨大，获得较高的前期产量。及时摘除老、弱、病、畸的叶、花、果，每株丝瓜保留至少 12 片功能叶为宜。

加强人工授粉：人工辅助授粉是早熟丝瓜栽培高产高效的重要措施。一般 7:00—9:00 取当日开放的雄花进行人工授粉，或用 20～30mg/kg 防落素喷雌花，提高坐果率。

肥水管理：在施底肥的基础上，第一次追肥一般于缓苗后进行，每亩施稀释人畜粪水 1 000～2 000kg，或复合肥 10kg；第二次追肥于开花初期，或第一个瓜坐稳后进行，每亩施腐熟的人畜粪水 2 500～3 000kg，或尿素 15kg 加复合肥 15kg 混施。以后每采收 2 次，施肥 1 次，以人畜肥为主，人畜肥与适量化肥交替使用。

病虫害防治：合川湖皱丝瓜病虫害发生较少。主要病害有猝倒病、细菌性角斑病、枯萎病；主要虫害有瓜实蝇。

农业防治——采用合理轮作、深翻炕土等常规农业防治措施。

物理防治——安装杀虫灯、悬挂诱虫板，丝瓜套袋技术是合川区近年示范成功、全域覆盖的栽培技术，对预防瓜实蝇效果显著。具体做法是在丝瓜授粉成功后，幼瓜长度达 8～10cm 时套上透明塑料袋，推荐袋子长 40cm、宽 9～10cm、厚 3.6 丝。对土壤进行调酸可预防枯萎病。合川区近年主要采用牡蛎钾作为土壤调理剂，每亩推荐用量为 50～100kg。

化学防治——猝倒病可喷撒 72.2%霜霉威水剂或甲霜灵可湿性粉剂防治，连防 2～3 次；细菌性角斑病于发病初期用可杀得可湿性粉剂喷撒；枯萎病用苯菌灵可湿性粉剂或多硫悬浮剂灌根，每株灌 0.5L，连防 2～3 次。瓜实蝇、斑潜蝇、瓜绢螟可用灭杀毙、氰戊菊酯等药剂喷雾防治。

（5）采收。合川湖皱丝瓜的瓜身饱满、皮色呈现品种特性、瓜重 500～1 000g、花蒂尚未凋落时及时采收。采收期为每年 4—10 月，最佳品质期为 5—7 月。

六、推荐储藏保鲜和食用方法

1. 储藏保鲜方法

可储藏在 10～12℃的蔬菜保鲜库中。家庭日常保存方法为装进保鲜袋中，放入冰箱冷藏。

2. 食用方法

清炒丝瓜、丝瓜炒鸡蛋、丝瓜汤、丝瓜豆腐鱼汤等。

第三节　太和胡萝卜

一、概述

太和胡萝卜产于重庆市合川区太和镇境内，是重庆市地方知名特色农产品，农产品地理标志保护产品。保护规模达 800 公顷，每亩年产量 3t 左右，主要销往重庆主城和四川武胜、南充等地。栽培历史 200 余年，1917 年《合川县志》曾记载“县属凡河岸沙地皆种之为年节品”，并描述其销售“舟载如梭”，广受重庆等地欢迎。太和胡萝卜种质资源于 2017 年交重庆市农业委员会，现由重庆市农业科学院保存。

二、独特的品质

太和胡萝卜为长圆柱形；表皮呈红色，色泽鲜亮，较光滑，须根较少；肉红色，心柱黄色、较小；味道香甜，风味浓郁，生食脆嫩，熟食化渣，不易老化。太和胡萝卜营养丰富，胡萝卜素含量≥1.16mg/100g，总维生素 C 含量≥21.6mg/100g，维生素 B_1 含量≥0.064mg/100g，维生素 B_2 含量≥0.018mg/100g，可溶性糖含量≥6.01%，粗纤维含量≤1%。维生素 B_1、可溶性糖含量较高，粗纤维含量较低。

三、独特的产地环境

太和胡萝卜种植区位于合川区太和镇涪江沿岸冲积坝，海拔 202～206m，土壤以冲积砂壤土为主，土质肥沃，矿质养分十分丰富，保水保肥能力强，同时水资源丰富，排灌方便。种植区属亚热带湿润季风气候，四季分明，夏热冬暖，春长秋短，暖季光照多，日照充足，夜间土壤回暖较快，无低温冻寒。

四、独特的人文因素

太和镇涪江沿岸的富金坝、米市坝、小河坝等河坝上的农户世代种植太和胡萝卜。民国初年，全县三江流域的各个冲积河坝均大规模栽培太和胡萝卜。

20 世纪 60 年代，太和胡萝卜成为“救命口粮”，生产规模超过 12 000 亩，年产量超 1 万 t。在重庆朝天门、沙坪坝等地，太和胡萝卜深受市民欢迎，人们平日舍不得吃，只在过年期间用于招待客人，久而久之就有了广为流传的民谣——“胡萝卜，蜜蜜甜，看到看到要过年”，也有了“离了胡萝卜不成席”的说法，使其享誉山城。

2002 年，重庆市合川市蔬菜技术指导站对胡萝卜进行提纯复壮，胡萝卜产量与品质均得到进一步提升。2014 年，太和胡萝卜登记农产品地理标志。

五、独特的生产方式

1. 品种选择

选择太和胡萝卜地方品种。

2. 选地

选择地势平坦、排灌方便、土层深厚、疏松肥沃的砂壤土。前茬一般种植地瓜、菜用玉米或瓜类蔬菜的轮作地块。

3. 生产控制

（1）整地开厢施底肥。前茬作物收获后及时深耕晒土，结合深翻，每亩施腐熟有机肥 3 000kg、尿素 10kg、过磷酸钙 30kg、硫酸钾 7.5kg（氮：磷：钾为 12：15：15 的复合肥50～60 kg），耙细整平。成平土栽培一般做成宽 90～100cm 的厢。

（2）播种。播前先将种子晾晒 1～2d，搓去种子上的刺毛，整理干净即可播种。播种适期为 7—8 月；条播每亩用种量为 0.8～1.0kg；撒播每亩用种量为 1.5～2.0kg。

（3）田间管理。

间苗定苗：出苗后及时揭去覆盖物，在 1～2 片真叶、3～4 片真叶时间苗 2 次。每亩留苗 2 万株左右。

中耕除草：结合间苗，在行间浅锄，从定苗至封行前，中耕 2～3次。

培土：一般在肉质根膨大前期，结合除草进行培土，用土盖住根部，以防“青头”根。

肥水管理：幼苗期适当浇水，保持见湿见干；叶生长盛期适当控水蹲苗，防止徒长；肉质根膨大期及时浇水，保持厢面湿润。施肥以有机肥为主，控氮、稳磷、增钾，重施底肥，早施追肥，收获前 20d 不施氮肥。根据苗情适时追肥。

病虫害防治：太和胡萝卜病虫害较少。偶见黑斑病和黑腐病；主要虫害有蚜虫，偶见种蝇（根蛆）。对黑斑病，发病初期用杀毒矾、甲霜灵·锰锌、三乙膦酸铝等药剂喷雾防治；对黑腐病，发病初期喷施代森铵、可杀得等药剂防治；对蚜虫，用虫螨克、吡虫啉、高效氯氰菊酯等药剂防治；对种蝇，用灭蝇胺、阿维菌素、高效氯氟氢菊酯等药剂防治。

（4）采收。生长周期达到 100～120d 时，叶片不再生长，不见新叶，下部叶片变黄，肉质根充分膨大成熟，这时可以采收。适宜采收期为 11 月下旬至翌年 2 月下旬。

六、推荐储藏保鲜和食用方法

1. 储藏保鲜

采用沟藏或去叶留地可适度延长采收期，保持产品新鲜。

2. 食用方法

凉拌胡萝卜丝、清炒胡萝卜、胡萝卜烧牛肉、胡萝卜炖排骨等。

第四节　香龙大头菜

一、概述

香龙大头菜为芸薹属芥菜种的一个变种，其肉质根和叶均可食用，主产地位于重庆市合川区香龙镇的渠江边冲积坝及浅丘地。香龙大头菜的肉质根明显比其他品种大，是农产品地理标志保护产品。合川全区均可种植，保护规模为 2 000 公顷，年产量 120 000t，肉质根亩产量高达 4t 以上。以肉质根加工的香龙大头菜丝咸菜远近闻名，成为各地商贩的抢手货，主要销往重庆、成都、华蓥等地。

二、独特的品质

香龙大头菜外形呈粗大圆柱状，无裂根；单根重 1.5～3.5kg，纵径 18～28cm，横径 13～18cm；表皮薄而光滑，上青下白；肉白，脆嫩，不易老化，不易黑心、糠心；生食清脆、微甘、化渣，熟食软润爽口、细腻甘甜，加工后香味浓郁。其营养价值高，粗蛋白≥1.37g/100g、维生素 C≥10.0mg/100g、粗脂肪≤0.3%、粗纤维≤0.8%。

三、独特的产地环境

香龙大头菜核心产区位于合川区香龙镇枣梨村、大垭村等地，地处渠江岸边的冲积河坝与浅丘区域，为平缓丘陵地形，以紫色土、潮土为主，土壤有机质含量高（6.62～30.3g/kg），土层深厚，土壤母质组成复杂，矿质养分较丰富；大头菜在生长前期需要较高的土壤湿度和空气湿度，在肉质根膨大期仍需保持一定的土壤湿度。合川区雨量充沛，年均降水量在1 121.4mm，年平均相对湿度85%，月平均相对湿度70%～90%，非常适宜香龙大头菜的生长。香龙大头菜适应能力较强，生长前期适温为20℃，肉质根膨大期适温为10℃。8月底至翌年2月初，整个生长期间月平均气温先高后低，从前期的27.5℃下降到后期的7.2℃，保证了香龙大头菜个大、质脆、营养丰富的品质。

四、独特的人文因素

香龙大头菜于清乾隆三十三年（1768年）从外地引入合川区种植，至今已有250余年种植历史。2018年成立了重庆市合川区枣梨蔬菜种植股份合作社，以村民土地入股的形式生产香龙大头菜丝、缨叶干咸菜等初加工产品，后期逐步变成“公司＋合作社＋农户”的模式，推行订单式种植，现已被纳入优质加工蔬菜原料产业带建设。2008年，香龙大头菜加工技艺成功申报为合川区级非物质文化遗产，2019年成功登记为农产品地理标志保护产品，2021年被收入全国名特优新农产品名录，并成为“巴味渝珍”授权产品。

五、独特的生产方式

1. 品种

当地的香龙大头菜地方品种。

2. 选地

香龙大头菜种植宜选择土层深厚、肥沃、有机质含量丰富、保水保肥能力强的沙质土壤。

3. 生产控制

（1）整地开厢施底肥。在播种前10d左右进行。整地时，每亩施腐熟的有机肥3 500～4 000kg、过磷酸钙15～20kg、草木灰40～50kg，与床土充分混匀。厢宽1.33m，沟深15cm。

（2）播种育苗。宜8月底至9月5日前播种，每亩用种量30～40g。

（3）适时定植。香龙大头菜苗龄20～30d，长出4～5片真叶时及时移栽。合理密植，行距0.5m，株距0.4～0.5m，每亩定植2 500～3 500株。移栽时以清淡人畜粪水施定根水，促进幼苗成活。

（4）田间管理。香龙大头菜生长期的田间管理简单方便，主要掌握“增施底肥、早施提苗肥、重施中期肥、看苗补施后期肥”的原则，通常除底肥外可追肥2～3次。施肥过程中注意要增施有机肥和磷钾肥，控制尿素用量，否则会增加肉质根的空心率。

肥水管理：遵循见干见湿的浇水原则，生长初期需水量较小，叶片生长盛期和肉质根膨大期，表土发白时应及时浇透水，促使生长和膨大。第一次追肥在定植缓苗后进行，每亩施清淡粪水2 000kg，加尿素5kg；第二次追肥在移栽后30～40d，肉质根进入膨大期后进行，每亩施较浓粪水3 000kg、磷酸二氢钾3～5kg、草木灰40～50kg；是否进行第三次施肥看苗情而定，可酌情施较浓粪水，长势旺盛则不施。

病虫害防治：香龙大头菜病虫害发生较少。偶见霜霉病和蚜虫、菜青虫。用药防治方法参见青草坝萝卜的病虫害防治。

（5）采收。在立春前后10d左右，植株基部叶已枯黄，根头部由绿转黄，叶腋抽生侧枝或花蕾初显时采收。过早收获，大头菜未充分成熟，产量不高；过晚收获，肉质根表皮增厚，纤维增多，营养物质含量降低，易抽薹、空心，品质变劣。

六、推荐储藏保鲜和食用方法

1. 储藏保鲜方法

香龙大头菜采后应及时加工，来不及加工的应临时存放在通风、清洁、卫生的地方，防止有异味物质和有毒物质的污染及病虫害侵染。在自然储存状态下，储存期为60d左右，一般最迟应在谷雨前加工完毕，否则大头菜易腐烂。

2. 食用方法

大头菜丝炒肉片、大头菜丝炒回锅肉。

第五节　铜溪红油香椿

一、概述

铜溪红油香椿为楝科香椿属植物，是富有特色的树上蔬菜，食用部分是香椿树的嫩芽，具有色红油亮、肥壮鲜嫩、口感细腻、香味纯正浓郁的特点。历史上，合川各地老百姓皆喜欢在房前屋后栽植香椿，种植历史悠久。到2022年年初，合川区栽培面积达20 000余亩，形成了以铜溪镇皂角村、袁桥村为核心的万亩红油香椿产业化基地。推广矮伐栽培后，管护得当，丰产林亩产量可达300kg。铜溪红油香椿上市早，比四川、重庆其他地区的香椿早上市10～15d，产品远销北京、深圳、上海、南京等20余个国内大、中城市，各地客商争相抢购。香椿含香椿素等挥发性芳香族有机物，可健脾开胃、增加食欲；富含维生素E、维生素C、胡萝卜素等，有助于增强机体免疫力，能抗衰老。

二、独特的品质

铜溪红油香椿色红油亮，肥壮鲜嫩，梗叶成朵芽状，长10～12cm，整齐美观；口感细腻，香味纯正浓郁。含粗蛋白5.79g/100g、维生素C 124mg/100g、硒2.2μg/100g，17种氨基酸总含量达4.06mg/100g。

三、独特的产地环境

铜溪红油香椿种植区地处嘉陵江、渠江、涪江三江沿岸与浅丘区域，土壤多为沙溪庙组母质发育而成，以紫色土、黄壤、潮土为主，土壤pH 5.0～8.0，土壤有机质含量13.0%～35.4%，土壤母质组成复杂，土质肥沃，矿物质养分较丰富。铜溪地处海拔205～400m处，属亚热带季风气候，四季分明，日照充足，降水量丰富，春长秋短，暖季光照多，尤其冬季无冻害，早春气温回暖快，造就了铜溪红油香椿芽提早萌发、色泽鲜艳的优秀品质。

四、独特的人文因素

合川红油香椿种植历史悠久，老百姓历来有在房前屋后、院落种植香椿的习俗。铜溪的红油香椿有600余年栽培历史。铜溪红油香椿规模化栽培始于20世纪80年代初，主要集中在铜溪镇皂角乡背岩村、铁门村（现已合并为皂角村），2001年开始大规模发展并延伸到金沙村、袁桥村，当时集中成片面积达 2 000 亩。红油香椿不仅色、香、味、形俱美，且上市早，备受外地客商青睐。自此，铜溪红油香椿规模逐步扩大，市场竞争力逐步提高。2004 年，规模化程度提高后的铜溪红油香椿首次远销北京，农户效益喜人。2014 年，铜溪镇成立重庆市龙游椿芽种植股份合作社，注册“渝龙游”商标。2016 年，铜溪红油香椿被认证为无公害食品，逐步辐射带动大户及脱贫村共同发展。2020 年，铜溪镇举办“最美香椿达人”评选活动，吸引百名香椿种植户积极参赛。2021 年，铜溪皂角村因铜溪红油香椿产业，被评为重庆市“一村一品”示范村。至 2022 年年初，铜溪红油香椿种植规模达 2 万亩，并建成铜溪皂角万亩核心示范区。每年春天，全国各地客商云集合川，竞相采购香椿，立春后的头茬香椿更是抢手到有价无货的地步，媒体亦竞相报道。2022 年，铜溪红油香椿被评为全国名特优新农产品。合川区历来有春天吃红油香椿煎鹅蛋的风俗，老百姓认为能去百毒，有助于提高身体免疫力。

五、独特的生产方式

1. 品种选择

铜溪红油香椿地方品种、红油香椿。

2. 选地

合川区内海拔≤400m，pH 5.5～8，土层深厚、排水良好、有机质含量较高的砂质壤土。

3. 生产控制

（1）建园时间。最佳定植时间为 10 月至翌年 1 月。

（2）开厢起垄施底肥。在定植前 10d 左右进行。整地时，每亩施腐熟的有机肥粪水 4 000～5 000kg、过磷酸钙 15～20kg、草木灰 40～50kg，与床土充分耕匀。起垄开厢，厢面做成龟背形，厢宽包沟 1.33m，沟深 15～20cm。定植前覆盖黑白膜防杂草。高厢起垄和覆盖地膜均有利于提高地温，促进椿芽及早萌发，提早上市。

（3）定植。选择树径 1cm、高 60～80cm 的一年生苗，密植亩植 1 200 株左右，稀植 600 株左右，每窝种植 1 株。如栽培密度过大，新枝条过多过密，郁闭度大，光照差，影响光合作用，易造成枝干细弱、枯死。

（4）短截整形。苗木栽植后，从主干 20～30cm 高的位置截断顶部，促发下部侧枝，保留 2 个一级侧枝，侧枝达到 30cm，将顶梢掐除，保留 20cm 左右高度，以促进二级侧枝的萌发，每棵保留 5～6 个侧枝。以后每年春季进行同样操作，形成灌丛式矮化的树体结构，既方便椿芽采摘，又可促成新苗繁殖。注意短截时要用手锯齿或电枝剪，保证截口平整光滑，有利伤口愈合。

（5）断根促苗。矮化密植的香椿地采收多年后，植株衰老，应及时断根促苗，培育新苗，进行植株新旧更替。断根宜早，在 2 月进行，距主干一侧 30～40cm 处挖深 20～25cm、宽 15～20cm 的沟，截断根系，然后在沟内施肥并覆土，这样当年即可长出许多根蘖苗。

（6）肥水管理。增施有机肥是铜溪红油香椿香气浓郁的前提，每年秋季落叶休眠后应下足有机肥作底肥。早期施用饼肥作底肥，对香椿胸径的影响效果明显好于复合肥及尿素。头茬椿芽萌发前施用氮∶磷∶钾为 3∶1∶2 的复合肥 25～30kg，每茬采收后追施适量复合肥和钾肥。短截后要施足追肥，以尿素为主。

（7）醒苞促芽。香椿第一茬、第二茬椿芽萌发时间相距 7～15d，最先萌发的是顶芽，顶芽摘除后侧芽逐步萌发，因此侧芽萌发数量和时间对产量、效益有关键影响。为提早促进侧芽萌发，可在萌发前 30～45d 喷施植物生长调节剂荣芽（单氰胺）1 次，覆盖所有芽苞，可促进椿芽提早萌发 15～20d，并使出芽整齐，芽健壮。

（8）病虫害防治。香椿的虫害主要为天牛、刺蛾，可安装太阳能杀虫灯或黑光灯诱杀，或在幼虫时交替施用噻虫嗪、阿维菌素等高效低毒农药，每半月施用 1 次，连续 2～3 次。香椿主要病害有叶锈病、白粉病等，可在冬季清除落叶和感病枝梢，集中烧毁，消灭越冬病原；发病初期交替施用石硫合剂或 1%波尔多液、世高、戊唑醇、粉锈宁（三唑酮）等，每隔 10d 左右喷 1 次，连续 2～3 次。

（9）采收。重庆江畔平坝浅丘区域，立春后 7～15d，顶芽长至10～12cm 时即可采收头茬椿芽；侧芽长至 10～12cm 后，即可采收第二茬、第三茬香椿芽。

六、推荐储藏保鲜和食用方法

1. 储藏保鲜方法

基地采收后应将椿芽及时预冷，用泡沫箱包装，箱内放冰袋或冰瓶保鲜。家庭冷藏保鲜时间为 3～5d，焯水后晾干水分再冷冻可长期保存。

2. 食用方法

凉拌香椿芽、香椿炒蛋、香椿炒腊肉、香椿拌豆腐、香椿麻辣鱼等。

第六节　青草坝萝卜卷

一、概述

青草坝萝卜卷又名姜卷，是重庆市合川区一种极具特色的酱腌菜产品，由龙市镇青坝村群众用当地出产的青草坝萝卜加工而来，拥有 200 多年的历史，是当地传统名品。青草坝萝卜卷具有外形美观独特、味道脆嫩浓郁、微辣爽口的特点，是佐餐的传统佳肴。青草坝萝卜卷为全手工制作，有 9 道工艺，2011 年被列入重庆市级非物质文化遗产保护名录，2020年被注册为地理标志证明商标。多次参加各地国际农产品交易会，深受各地市民喜爱，产品远销深圳、上海等地，是合川旅游特色产品。年产量约50t，产值250余万元。

二、独特的品质

青草坝萝卜卷为长圆筒形，长约5cm、宽1～1.5cm。萝卜皮浅红色，肉浅褐色。萝卜片卷入姜丝，以青蒜苗系住中部，两端翻卷如花边，造型独特美观。以辣椒、花椒、盐、糖入味，口感脆嫩，咸鲜适口，芳香浓郁，回味悠长。青草坝萝卜卷富含可溶性糖、蛋白质、膳食纤维、肪肪、矿物质、氨基酸等人体必须的营养成分，可溶性糖≥10.53%，粗蛋白≥5.23g/100g，粗纤维≤3.5%，粗脂肪≤0.3g/100g，铁≥25.0mg/kg，锌≥8.27mg/kg，镁≥514mg/kg，氨基酸总量≥2.70g/100g。

三、独特的产地环境

青草坝萝卜卷以重庆市合川区特产的青草坝萝卜为主要原料，产地土壤、气候、灌溉水情况详见第四章第一节。

青坝村温和的气候有利于萝卜卷加工时保持萝卜片的优良特性。青草坝萝卜卷主要采用晾晒的方式，对原料青草坝萝卜进行自然脱水。晾晒时适宜的温度为8～14℃，有适度的日照或微风，降雨较少。青草坝萝卜卷加工期间，青坝村气候温和，多风，风速较小，降雨少，日照103h，晾晒萝卜片原料时环境干湿度恰到好处，使萝卜片柔韧而富于弹性和脆度，易于后期进行包料处理。

青坝村的气候有利于萝卜卷加工发酵。青草坝萝卜卷的原料——青草坝萝卜片晒干、码盐后要在坛子里进行密封发酵。密封发酵期间温度不宜高于15℃，在发酵期间（12月至翌年2月），当地气温温润（常年气温8.4℃），能很好地促进乳酸菌等有益微生物的生长，形成青草坝萝卜卷独特的风味。

四、独特的人文因素

青草坝萝卜卷以青草坝萝卜为主要原料。明末清初，为了便于储存，人们将青草坝萝卜做成萝卜姜卷，用于招待亲朋好友。2000年，青草坝萝卜卷成为四川航空公司航空食品。为了今后的发展，青草坝的老百姓一致同意将“姜卷”改名为“青草坝萝卜卷”，并一直沿用至今。2004年，青草坝萝卜生产基地通过无公害基地认证；2008年2月，《合川报》对青草坝萝卜卷的制作流程进行详细介绍；2011年4月，青草坝萝卜卷被列入重庆市级非物质文化遗产项目名录；2015年，被编入《合川非物质文化遗产概览》一书；2020年，获得地理标志证明商标。近年，青草坝萝卜卷在中央电视台《源味中国》纪录片、《重庆老手艺》百集纪录片中隆重展示，中央电视台《美食中国》栏目评价它是“流芳百世的名品”。线下，青草坝萝卜卷常年参加中国西部（重庆）国际农产品交易会、中国地理标志保护产品展示展销会等，青草坝萝卜及青草坝萝卜卷深受市民喜爱，并通过电商、自媒体等远销深圳、上海、北京等城市，成为青坝村农户增收致富的特色农产品。每年冬季，晾晒制作青草坝萝卜卷的场景如一幅动人的乡村画卷，吸引着重庆各地的摄影人前往“打卡”，以青草坝萝卜卷制作为主题的摄影作品也频频在中国蔬菜摄影大赛等赛事中参展、获奖，青草坝也成为合川区摄影家协会、钓鱼城摄影家协会的挂牌摄影基地。

五、独特的生产方式

青草坝萝卜卷的制作工艺流程为：选料→清洗→切片→晾

晒→码盐→装坛→制馅→包料→第二次装坛。

1. 选料

选用重量在 200～250g，一拳头大小的青草坝萝卜。萝卜外皮光滑无斑，形状要圆，光泽度好。

2. 清洗

将挑选出的萝卜用井水或江水反复清洗，洗净泥沙等，同时避免擦伤萝卜表皮。

3. 切片

将洗净的萝卜晾干，去掉根须和茎叶；以手为案，将萝卜以正反对切的“鸳鸯刀法”切成厚度为 2mm 左右、首尾相连的薄片，每片厚薄均匀、深浅适度，便于晾晒。

4. 晾晒

把切好的萝卜片挂在竹架上晾晒。视天气状况，晾晒5～7d，干湿度以萝卜片看上去萎蔫、手感绵软且有韧性为宜。在晾晒的时候如遇连续下雨，则把萝卜片收放在干燥处，撒上少许盐，用盐脱水，保证萝卜片质量。

5. 码盐

将晒干的萝卜片加盐反复揉搓入味，50kg 干萝卜片放 2～2.5kg 盐。

6. 装坛

把码好盐的萝卜片放在泡菜坛中腌制，时间为 2 周。腌制时间过短，萝卜片味道生涩无香，腌制时间过长，萝卜片的脆度欠佳。

7. 制馅

选上等老姜用井水洗净，晾干，切成长 4～5cm 的细丝，将干花椒粉、干辣椒粉、上等芝麻、麻油、香油、白糖、盐等天然调味料与姜丝拌匀。有一定长度的新鲜蒜苗加入少许盐腌 1～2h，待其变软时，撕成长短一致的细丝备用。

8. 包料

把拌好调料的姜丝裹进萝卜片中，1 张萝卜片包裹 3 根姜丝，过多则太辣。将蒜苗丝缠绕在裹好的萝卜卷上，使其不会散开。包好即可食用。做好的萝卜卷每 1kg 大约有 180 个 。

9. 二次装坛

陶土坛洗净、晾干，将包好馅料的青草坝萝卜卷整齐放入其中，并按压紧实，盖严坛盖，进行二次发酵增香。

六、推荐储藏保鲜和食用方法

1. 储藏保鲜方法

将萝卜卷放入坛中，密封坛口，可保存 3～4 个月，同时使萝卜卷进行二次发酵，更增香气。消费者家庭保存可放冰箱冷冻室，随食随取。

2. 食用方法

可直接佐餐，是很可口的下饭菜，也可依个人口味喜好，浇汁调味后食用。

图书在版编目（CIP）数据

蔬菜种植主推技术及合川区特色蔬菜产品 / 周利，程小金主编．—北京：中国农业出版社，2023.10
ISBN 978-7-109-31257-9

Ⅰ．①蔬…　Ⅱ．①周…　②程…　Ⅲ．①蔬菜园艺　Ⅳ．①S63

中国国家版本馆 CIP 数据核字（2023）第 197760 号

中国农业出版社出版
地址：北京市朝阳区麦子店街 18 号楼
邮编：100125
责任编辑：全　聪　　文字编辑：吴沁茹
版式设计：李　文　　责任校对：吴丽婷
印刷：中农印务有限公司
版次：2023 年 10 月第 1 版
印次：2023 年 10 月北京第 1 次印刷
发行：新华书店北京发行所
开本：850mm×1168mm　1/32
印张：3.5　　插页：8
字数：91 千字
定价：68.00 元
